前端开发工程师系列

jQuery 前端开发之网页特效

主　编　肖睿　郭峰

副主编　周雯　禹波　般悦

中国水利水电出版社
www.waterpub.com.cn
·北京·

内 容 提 要

jQuery是一款优秀的JavaScript框架，它诞生的宗旨就是write less，do more（写更少的代码，做更多的事情）。jQuery可实现脚本与页面的分离，使得代码更加轻便、页面内容组织更加优雅。目前，基于jQuery开发的插件已达数千，开发者可使用这些插件来进行页面特效的快速开发，而不必纠结在功能实现上。

本套前端开发教材最大的特点就是以流行网站元素为项目实战。本书通过深入浅出的案例，快速进入jQuery开发世界，并配以完善的学习资源和支持服务，为读者带来全方位的学习体验，包括视频教程、案例素材下载、学习交流社区、讨论组等终身学习内容，更多技术支持请访问课工场www.kgc.cn。

图书在版编目（CIP）数据

jQuery前端开发之网页特效 / 肖睿，郭峰主编. -- 北京 : 中国水利水电出版社，2016.12（2024.1重印）
（前端开发工程师系列）
ISBN 978-7-5170-4961-6

Ⅰ. ①j… Ⅱ. ①肖… ②郭… Ⅲ. ①网页制作工具－JAVA语言－程序设计 Ⅳ. ①TP393.092.2②TP312.8

中国版本图书馆CIP数据核字（2016）第309361号

策划编辑：祝智敏　　责任编辑：张玉玲　　加工编辑：夏雪丽　　封面设计：梁　燕

	前端开发工程师系列
书　　名	jQuery前端开发之网页特效 jQuery QIANDUAN KAIFA ZHI WANGYE TEXIAO
作　　者	主　编　肖睿　郭峰 副主编　周雯　禹波　殷悦
出版发行	中国水利水电出版社 （北京市海淀区玉渊潭南路1号D座　100038） 网址：www.waterpub.com.cn E-mail：mchannel@263.net（答疑） sales@mwr.gov.cn 电话：（010）68545888（营销中心）、82562819（组稿）
经　　售	北京科水图书销售有限公司 电话：（010）68545874、63202643 全国各地新华书店和相关出版物销售网点
排　　版	北京万水电子信息有限公司
印　　刷	三河市德贤弘印务有限公司
规　　格	184mm×260mm　16开本　13印张　315千字
版　　次	2016年12月第1版　2024年1月第4次印刷
定　　价	35.00元

前端开发工程师系列

前　言

随着互联网技术的飞速发展，“互联网+”时代已经悄然到来，这自然催生了互联网行业工种的细分，前端开发工程师这个职业应运而生，各行业、企业对前端设计开发人才的需求也日益增长。与传统网页开发设计人员相比，新“互联网+”时代对前端开发工程师提出了更高的要求，传统网页开发设计人员已无法胜任。在这样的大环境下，这套“前端开发工程师系列”教材应运而生，它旨在帮助读者朋友快速成长为符合“互联网+”时代企业需求的优秀的前端开发工程师。

“前端开发工程师系列”教材是由课工场（kgc.cn）的教研团队研发的。课工场是北京大学下属企业北京课工场教育科技有限公司推出的互联网教育平台，专注于互联网企业各岗位人才的培养。平台汇聚了数百位来自知名培训机构、高校的顶级名师和互联网企业的行业专家，面向大学生以及需要“充电”的在职人员，针对与互联网相关的产品设计、开发、运维、推广和运营等岗位，提供在线的直播和录播课程，并通过遍及全国的几十家线下服务中心提供现场面授以及多种形式的教学服务，并同步研发出版最新的课程教材。参与本书编写的院校老师还有郭峰、周雯、禹波、殷悦等。

课工场为培养互联网前端设计开发人才，特别推出“前端开发工程师系列”教育产品，提供各种学习资源和支持，包括：

- 现场面授课程
- 在线直播课程
- 录播视频课程
- 案例素材下载
- 学习交流社区
- QQ 讨论组（技术，就业，生活）

以上所有资源请访问课工场 www.kgc.cn。

本套教材特点

（1）科学的训练模式

- 科学的课程体系。
- 创新的教学模式。
- 技能人脉，实现多方位就业。
- 随需而变，支持终身学习。

（2）真实的项目驱动

- 覆盖 80%的网站效果制作。
- 几十个实训项目，涵盖电商、金融、教育、旅游、游戏等行业。

（3）便捷的学习体验

- 每章提供二维码扫描，可以直接观看相关视频讲解和案例操作。

- 课工场开辟教材配套版块，提供素材下载、学习社区等丰富的在线学习资源。

读者对象

（1）初学者：本套教材将帮助你快速进入互联网前端开发行业，从零开始逐步成长为专业前端开发工程师。

（2）初级前端开发者：本套教材将带你进行全面、系统的互联网前端设计开发学习，帮助你梳理全面、科学的技能理论，提供实用开发技巧和项目经验。

课工场出品（kgc.cn）

课程设计说明

课程目标

读者学完本书后，能够制作网页常用的炫酷、交互效果。

训练技能

- 熟练掌握网页各种特效，如显示/隐藏、淡入/淡出、图片滚动、文字特效等。
- 熟练掌握网页各种交互特效，如表单验证、表单元素各种特效、提示库特效、弹出特效等。
- 掌握流行 jQuery 插件的用法。

设计思路

本课程分为 8 个章节、3 个阶段来设计学习，即基本 JavaScript 特效开发技能、jQuery 开发特效技能、开发实战，具体安排如下：

- 第 1 章、第 2 章是对基本的 JavaScript 编码能力的学习，主要涉及通过 JavaScript 完成基本特效，掌握配合 CSS 进行简单特效的开发。
- 第 3 章～第 7 章是使用 jQuery 进行复杂炫酷的特效开发学习，通过 CSS 配合 jQuery 完成各种特效的开发，制作出用户体验更加优秀的网页内容。
- 第 8 章是综合实战项目训练，通过制作网页游戏“英雄难过棍子关”，达到熟练制作各种特效的目的。

章节导读

- 本章技能目标：学习本章所要达到的技能，可以作为检验学习效果的标准。
- 本章简介：学习本章内容的原因和对本章内容的概述。
- 内容讲解：对本章涉及的技能内容进行分析并展开讲解。
- 操作案例：对所学内容的实操训练。
- 本章总结：针对本章内容的概括和总结。
- 本章作业：针对本章内容的补充练习，用于加强对技能的理解和运用。

学习资源

- 学习交流社区（课工场）
- 案例素材下载
- 相关视频教程

更多内容详见课工场 www.kgc.cn。

关于引用作品版权说明

为了方便课堂教学，促进知识传播，帮助读者学习优秀作品，本教材选用了一些知名网站的相关内容作为学习案例。为了尊重这些内容所有者的权利，特此声明，凡在书中涉及的版权、著作权、商标权等权益均属于原作品版权人、著作权人、商标权人。

为了维护原作品相关权益人的权益，现对本书选用的主要作品的出处给予说明（排名不分先后）。

序号	选用的网站作品	版权归属
1	聚美优品	聚美优品
2	京东商城	京东
3	当当网	当当
4	淘宝网	淘宝
5	人人网	人人
6	北大青鸟官网	北大青鸟
7	新东方官网	新东方
8	1 号店商城	1 号店
9	腾讯网	腾讯
10	4399 小游戏网	四三九九网

由于篇幅有限，以上列表中可能并未全部列出本书所选用的作品。在此，我们衷心感谢所有原作品的相关版权权益人及所属公司对职业教育的大力支持！

2016 年 11 月

目录

前言
课程设计说明
关于引用作品版权说明
第 1 章　JavaScript 基础……1
1　JavaScript 概述……2
1.1　JavaScript 概念……2
1.2　JavaScript 的应用……2
1.2.1　JavaScript 的组成……3
1.2.2　JavaScript 的执行原理……3
1.2.3　JavaScript 的基本结构……4
1.3　在网页中引用 JavaScript……5
操作案例 1：网页中引用 JavaScript 代码……7
2　JavaScript 基础语法……7
2.1　变量……7
2.2　数据类型……8
2.3　运算符……10
2.4　注释……10
2.5　选择结构……11
2.6　信息提示的使用……12
操作案例 2：模拟计算器……13
3　函数……14
3.1　系统函数……14
3.2　自定义函数……15
3.3　变量的作用域……17
操作案例 3：模拟 QQ 登录验证……18
本章总结……19
本章作业……19
第 2 章　JavaScript 对象……23
1　认识 BOM……24
2　window 对象……25
2.1　常用的属性……25
2.2　常用的方法……25
2.2.1　confirm()方法……26
2.2.2　open()方法……27
2.2.3　close()方法……27
2.3　常用的事件……28
操作案例 1：制作简易购物车页面……30
3　history 对象……31
4　location 对象……32
操作案例 2：查看一年四季的变化……33
5　document 对象……35
5.1　常用的属性……35
5.2　常用的方法……37
5.3　复选框的全选/全不选效果……40
6　JavaScript 内置对象……41
6.1　Array 对象……41
6.1.1　创建数组……41
6.1.2　为数组元素赋值……42
6.1.3　访问数组元素……42
6.1.4　数组的常用属性和方法……42
6.2　Date 对象……43
6.3　Math 对象……45
7　定时函数……45
7.1　setTimeout()……46
7.2　setInterval()……46
7.3　clearTimeout()和 clearInterval()……47
操作案例 3：变化的时钟……48
本章总结……49
本章作业……49
第 3 章　jQuery 基础……51
1　jQuery 简介……52
1.1　为什么选择 jQuery……52
1.2　什么是 jQuery……54
1.2.1　jQuery 简介……54
1.2.2　jQuery 的用途……54

1.2.3 jQuery 的优势 ············56
1.3 配置 jQuery 环境 ············57
1.3.1 获取 jQuery 的最新版本 ············57
1.3.2 jQuery 库类型说明 ············58
1.3.3 jQuery 环境配置 ············58
1.3.4 在页面中引入 jQuery ············58
2 DOM 高级编程 ············58
2.1 什么是 DOM ············59
2.2 动态改变 HTML 文档结构 ············60
2.2.1 查找 HTML 节点元素 ············60
2.2.2 改变 HTML 内容及属性 ············63
2.2.3 改变 HTML CSS 样式 ············65
2.3 DOM 对象 ············66
3 jQuery 语法结构 ············66
3.1 第一个 jQuery 程序 ············67
3.2 jQuery 语法结构 ············68
3.3 读取设置 CSS 属性值 ············70
3.4 移除 CSS 样式 ············71
操作案例 1：使用 jQuery 变换网页效果 ············71
4 jQuery 对象和 DOM 对象 ············72
4.1 jQuery 对象 ············72
4.2 jQuery 对象与 DOM 对象的相互转换 ············73
4.2.1 jQuery 对象转换成 DOM 对象 ············73
4.2.2 DOM 对象转换成 jQuery 对象 ············73
操作案例 2：使用 jQuery 方式弹出消息对话框 ············74
5 循环结构 ············74
5.1 循环结构概述 ············75
5.2 for 循环语句 ············76
5.3 while 循环语句 ············77
操作案例 3：计算 100 以内的偶数之和 ············78
操作案例 4：制作京东商城首页焦点图轮播特效 ············79
本章总结 ············80
本章作业 ············80
第 4 章 jQuery 选择器与事件 ············81
1 jQuery 选择器 ············82
1.1 选择器优势 ············82
1.2 jQuery 选择器分类 ············82
1.3 基本选择器 ············83
1.4 层次选择器 ············87
1.5 属性选择器 ············91
1.6 过滤选择器 ············95
操作案例 1：制作非缘勿扰页面特效 ············100
操作案例 2：制作美化近期热门栏目特效 ············101
2 jQuery 事件 ············102
2.1 事件概述 ············102
2.2 window 事件 ············102
2.3 鼠标事件 ············103
2.4 键盘事件 ············104
2.5 表单事件 ············104
操作案例 3：制作左导航特效 ············105
2.6 绑定事件与移除事件 ············106
2.7 复合事件 ············108
操作案例 4：制作团购网主导航 ············109
本章总结 ············110
本章作业 ············110
第 5 章 jQuery 遍历和特效动画 ············113
1 jQuery 中的 DOM 遍历 ············114
1.1 jQuery 中的 DOM 操作概述 ············114
1.2 节点操作 ············115
1.2.1 查找节点 ············115
1.2.2 创建节点元素 ············116
1.2.3 插入节点 ············116
1.2.4 删除节点 ············117
1.2.5 替换节点 ············120
1.2.6 复制节点 ············120
1.3 属性操作 ············120
1.3.1 获取与设置元素属性 ············120
1.3.2 删除元素属性 ············120
操作案例 1：制作会员信息模块 ············121
1.4 节点遍历 ············122
1.4.1 遍历后代元素 ············123
1.4.2 遍历同辈元素 ············123
1.4.3 遍历前辈元素 ············124
1.4.4 遍历之过滤方法 ············125
1.5 CSS-DOM 操作 ············125
操作案例 2：制作京东商城首页焦点图

轮播特效 126
2 jQuery 特效动画 127
2.1 控制元素显示和隐藏 127
2.1.1 控制元素显示 128
2.1.2 控制元素隐藏 129
2.1.3 切换元素可见状态 130
操作案例 3：制作京东商城首页左侧菜单 131
2.2 控制元素淡入和淡出 132
2.2.1 控制元素淡入 132
2.2.2 控制元素淡出 133
2.2.3 切换元素出入状态 134
操作案例 4：仿京东焦点图轮播淡入淡出特效 134
2.3 控制元素滑动 135
2.3.1 控制元素下滑 135
2.3.2 控制元素上滑 136
2.3.3 控制元素上下滑动 136
2.4 jQuery 自定义动画 137
操作案例 5：移动的棍子 138
本章总结 139
本章作业 139
第 6 章 表单验证 143
1 表单验证概述 144
1.1 表单验证的必要性 144
1.2 表单验证的内容 145
1.3 表单验证的思路 146
2 String 对象 146
2.1 常用的属性 146
2.2 常用的方法 147
2.3 电子邮件格式的验证 147
操作案例 1：验证电子邮箱 150
2.4 文本内容的验证 151
操作案例 2：验证注册信息 154
3 jQuery 中的 DOM 内容操作 154
4 文本提示特效 155
4.1 表单验证事件和方法 156
4.2 文本输入提示特效 158
操作案例 3：改进验证注册信息 161
5 表单选择器 161
5.1 表单选择器概述 161
5.2 多行数据的验证 165
本章总结 169
本章作业 169
第 7 章 jQuery 中的 Ajax 171
1 认识 Ajax 172
1.1 Ajax 应用 172
1.2 Ajax 工作原理 173
1.3 认识 XMLHttpRequest 174
操作案例 1：IIS 服务器的搭建 175
2 jQuery 中的 Ajax 175
2.1 get()方法与 post()方法 176
2.2 ajax()方法 178
操作案例 2：验证注册名是否可用 179
2.3 load()方法 180
操作案例 3：刷新最新动态 181
3 认识 JSON 182
3.1 JSON 简介 182
3.2 使用 jQuery 处理 JSON 数据 183
3.3 getJSON()方法 184
操作案例 4：制作冬奥会页面轮播图片效果 186
本章总结 187
本章作业 187
第 8 章 项目案例：英雄难过棍子关 189
1 项目说明 190
1.1 需求概述 190
1.2 技能点 191
2 项目实现 191
2.1 制作英雄难过棍子关主界面 191
2.2 制作游戏主界面静态页面 193
2.3 制作黑色柱子的动态实现 194
2.4 制作棍子动画 195
2.5 制作英雄过关 196
2.6 制作英雄过关成败的提示框 197
2.7 重新玩本关游戏 198
2.8 继续下一关的实现 198

第 1 章

JavaScript 基础

本章技能目标

- 掌握 JavaScript 的基本语法
- 掌握选择结构之 if 语句的用法

本章简介

通过对网页制作基础课程的学习，我们对网站的制作已经有了比较深刻的理解，知道如何制作一个网页、如何根据需求搭建一个网站，但是如何让网页更加绚丽多彩、如何增加用户的良好体验，这些还是我们前端开发人员努力的方向。本章开始我们进入网页特效方面的学习。

本章主要介绍为什么要学习 JavaScript，JavaScript 的基本语法结构，如何在网页中应用 JavaScript 等，有了这些基本技能，后续我们就可以进入真正的特效制作了。

1　JavaScript 概述

1.1　JavaScript 概念

为什么学习 JavaScript？主要基于以下两点原因。

1. 客户端表单验证，减轻服务器压力

网站中常见会员注册页面，我们填写注册信息时，如果某项信息格式输入错误（例如：密码长度位数不够等），表单页面将及时给出错误提示。这些错误在没有提交到服务器前，由客户端提前进行验证，称为客户端表单验证。这样，用户得到了即时的交互（反馈填写情况），同时也减轻了网站服务器端的压力，这是 JavaScript 最常用的场合。

2. 制作页面动态特效

在 JavaScript 中，可以编写响应鼠标单击等事件的代码，创建动态页面特效，从而高效地控制页面的内容。例如，表单的验证效果（如图 1.1 所示），或者网页轮播效果特效（如图 1.2 所示）等，它们可以在有限的页面空间里展现更多的内容，从而增加客户端的体验，进而使我们的网站更加有动感、有魅力，吸引更多的浏览者。

图 1.1　表单验证

图 1.2　轮播效果

这里要说明一点，虽然 JavaScript 可以实现许多动态效果，但要实现一个特效可能需要十几行，甚至几十行，而使用 jQuery（JavaScript 程序库）可能只需要几行就可以实现同样的效果，关于 jQuery 方面的技术，会在后面章节讲解，而 JavaScript 是学习 jQuery 的基础，打好基础至关重要。

1.2　JavaScript 的应用

那么到底什么是 JavaScript 呢？JavaScript 是一种描述性语言，也是一种基于对象（Object）和事件驱动（Event Driven）的、并具有安全性能的脚本语言。它与 HTML 超文本标记语言一起，在一个 Web 页面中链接多个对象，与 Web 客户实现交互。无论在客户端还是在服务器端，

JavaScript 应用程序都要下载到浏览器的客户端执行，从而减轻了服务器端的负担。总结其特点如下：

- JavaScript 主要用来向 HTML 页面中添加交互行为。
- JavaScript 是一种脚本语言，语法和 Java 类似。
- JavaScript 一般用来编写客户端脚本。
- JavaScript 是一种解释性语言，边执行边解释。

1.2.1　JavaScript 的组成

一个完整的 JavaScript 是由以下三个不同的部分组成的，如图 1.3 所示。

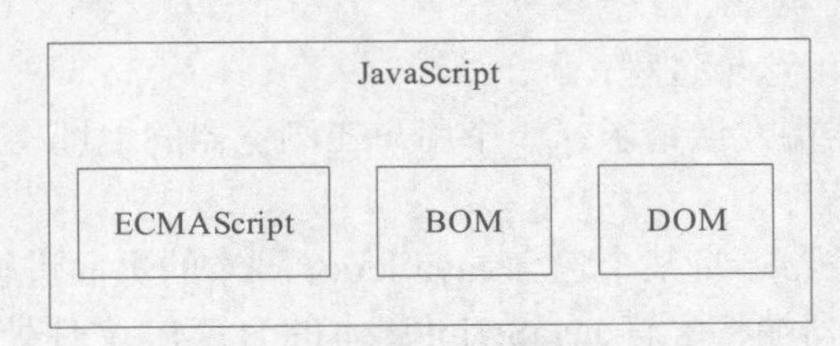

图 1.3　JavaScript 的组成

1．ECMAScript 标准

ECMAScript 是一种开放的、国际上广为接受的、标准的脚本语言规范。它不与任何具体的浏览器绑定。ECMAScript 标准主要描述了以下内容。

- 语法。
- 变量和数据类型。
- 运算符。
- 逻辑控制语句。
- 关键字、保留字。
- 对象。

ECMAScript 是一个描述，规定了脚本语言的所有属性、方法和对象的标准，因此在使用 Web 客户端脚本语言编码时一定要遵循 ECMAScript 标准。

2．浏览器对象模型（BOM）

BOM 是 Browser Object Model（浏览器对象模型）的简称，提供了独立于内容与浏览器窗口进行交互的对象，使用浏览器对象模型可以实现与 HTML 的交互。

3．文档对象模型（DOM）

DOM 是 Document Object Model（文档对象模型）的简称，是 HTML 文档对象模型（HTML DOM）定义的一套标准方法，用来访问和操纵 HTML 文档。

关于 BOM 和 DOM 的内容将在后面章节中讲解，本章着重讲解 ECMAScript 标准。

1.2.2　JavaScript 的执行原理

了解了 JavaScript 的组成，下面再来深入了解 JavaScript 脚本语言的执行原理。

在脚本的执行过程中，浏览器客户端与应用服务器端采用请求/响应模式进行交互，如图 1.4 所示。

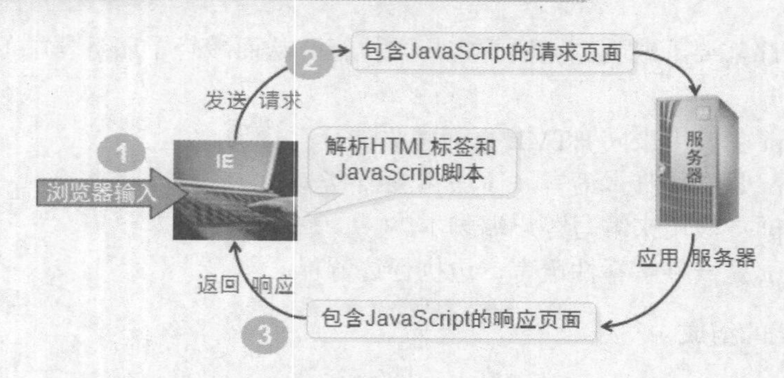

图 1.4 脚本执行原理

下面我们逐步分解一下这个过程：

（1）浏览器向服务器端发送请求：一个用户在浏览器的地址栏中输入要访问的页面（页面中包含 JavaScript 脚本程序）。

（2）数据处理：服务器端将某个包含 JavaScript 脚本的页面进行处理。

（3）发送响应：服务器端将含有 JavaScript 脚本的 HTML 文件处理页面发送到浏览器客户端，然后由浏览器从上至下逐条解析 HTML 标签和 JavaScript 脚本，并将页面效果呈现给用户。

使用客户端脚本的好处有以下两点：

- 含脚本的页面只要下载一次即可，这样能减少不必要的网络通信。
- 脚本程序是由浏览器客户端执行，而不是由服务器端执行，因此能减轻服务器端的压力。

1.2.3 JavaScript 的基本结构

通常，JavaScript 代码是用<script>标签嵌入 HTML 文档中的。可以将多个脚本嵌入到一个文档中，只需将每个脚本都封装在<script>标签中即可。浏览器在遇到 <script> 标签时，将逐行读取内容，直到遇到</script> 结束标签为止。然后，浏览器将检查 JavaScript 语句的语法，如果有任何错误，就会在警告框中显示；如果没有错误，浏览器将编译并执行语句。

脚本的基本结构如下：

```
<script type="text/javascript">
    <!--
          JavaScript 语句;
    -->
</script >
```

type 是<script>标签的属性，用于指定文本使用的语言类别为 JavaScript。

<!--语句-->是注释标签。这些标签用于告知不支持 JavaScript 的浏览器忽略标签中包含的语句。<!--表示开始注释标签，-->则表示结束注释标签。这些标签是可选的，但最好在脚本中使用这些标签。目前大多数浏览器支持 JavaScript，但使用注释标签可以确保不支持 JavaScript 的浏览器会忽略嵌入到 HTML 文档中的 JavaScript 语句。

注意：有的网页中用 language = "javascript"来表示使用的语言是 JavaScript，因为 XHTML1.0 已明确表示不支持这种写法，所以这种写法不推荐。

下面通过一个示例来深入学习脚本的基本结构，代码如示例 1 所示。

示例 1

```
<html>
<head>
<meta http-equiv="Content-Type" content="text/html; charset=gb2312" />
<title>输出 Hello World</title>
<script type="text/javascript">
<!--
    document.write("使用 JavaScript 脚本输出 Hello World");
    document.write("<h1>Hello World</h1>");
-->
</script>
</head>
<body>
</body>
</html>
```

示例 1 在浏览器中的运行效果如图 1.5 所示。

图 1.5　使用 JavaScript 脚本输出 Hello World

代码中，document.write()是用来向页面输出可以包含 HTML 标签的内容。把 document.write()语句包含在<script>与</script>之间，浏览器就会把它当作一条 JavaScript 命令来执行，这样浏览器就会向页面输出内容。

经验：

如果不使用<script>标签，浏览器就会将 document.write("<h1>Hello World</h1>")当作是纯文本来处理，也就是说会把这条命令本身写到页面上。

<script>…</script>的位置并不是固定的，可以包含在文档中的任何地方，只要保证这些代码在被使用前已读取并加载到内存即可。

1.3　在网页中引用 JavaScript

学习了脚本的基本结构和脚本的执行原理，如何在网页中引用 JavaScript 呢？JavaScript 作为客户端程序，嵌入网页有以下三种方式：

- 使用<script>标签。
- 使用外部 JavaScript 文件。

- 直接嵌入在 HTML 标签中。

1. 使用<script>标签

示例 1 就是直接使用<script>标签将 JavaScript 代码加入到 HTML 文档中。这是最常用的方法，但这种方式通常适用于 JavaScript 代码较少，并且网站中的每个页面使用的 JavaScript 代码均不相同的情况。

2. 使用外部 JavaScript 文件

在实际工作中，有时会希望在若干个页面中运行 JavaScript 实现相同的页面效果，针对这种情况，通常使用外部 JavaScript 文件。外部 JavaScript 文件是将 JavaScript 写入一个外部文件中，以*.js 为后缀保存，然后该文件指定给<script>标签中的"src"属性，这样就可以使用这个外部文件了。这种方式与在网页中引用外部样式类似。示例 1 中实现的页面效果若使用外部 JavaScript 文件实现如示例 2 所示。

示例 2

hello.js 文件代码：

```
document.write("使用 JavaScript 脚本输出 Hello World");
document.write("<h1>Hello World</h1>");
```

export.html 页面代码：

```
<html>
<head>
<meta http-equiv="Content-Type" content="text/html; charset=gb2312" />
<title>输出 Hello World</title>
<script src="hello.js" type="text/javascript"></script>
</head>
<body>
</body>
</html>
```

hello.js 就是外部 JavaScript 文件，src 属性表示指定外部 JavaScript 文件的路径，在浏览器中运行示例 2，运行的结果与示例 1 的运行结果一样。

注意：外部文件不能包含<script>标签，通常将.js 文件放到网站目录中单独存放脚本的子目录中（一般为 js），这样容易管理和维护。

3. 直接嵌入在 HTML 标签中

有时需要在页面中加入简短的 JavaScript 代码实现一个简单的页面效果，例如单击按钮时弹出一个对话框等，这样通常会在按钮事件中加入 JavaScript 处理程序。下面的例子就是单击按钮弹出消息框。

关键代码如下所示：

```
<input name="btn" type="button" value="弹出消息框" onclick="javascript:alert('欢迎你');"/>
```

当单击"弹出消息框"按钮时，弹出提示对话框，如图 1.6 所示。

代码中，onclick 是单击的事件处理程序，当用户单击按钮时，就会执行"javascript:"后面的 JavaScript 命令，alert()是一个功能函数，作用是向页面弹出一个对话框。

图 1.6　提示对话框

操作案例 1：网页中引用 JavaScript 代码

需求描述

利用在页面中直接添加 JavaScript 代码的方式，完成图 1.6 提示对话框的显示。

完成效果

打开网页，单击按钮，弹出提示框，见图 1.6。

技能要点

在网页中引用 JavaScript。

实现思路

网页中添加<input>标签，利用 onclick 属性指定弹出提示内容。

2　JavaScript 基础语法

JavaScript 像 Java、C#一样，也是一门编程语言，也包含变量的声明、赋值、运算符号、逻辑控制语句等基本语法，下面我们就来学习 JavaScript 的基本语法。

2.1　变量

JavaScript 是一种弱类型语言，没有明确的数据类型，也就是说，在声明变量时，不需要指定变量的类型，变量的类型由赋给变量的值决定。

在 JavaScript 中，变量是使用关键字 var 声明的。下面是 JavaScript 声明变量的语法格式。

```
var 合法的变量名;
```

其中，var 是声明变量所使用的关键字；“合法的变量名”是遵循 JavaScript 中变量命名规则的变量名。JavaScript 中的变量命名可以由数字、字母、下划线和“$”符号组成，但首字母不能是数字，并且不能使用关键字命名。为变量赋值有三种方法：

- 先声明变量再赋值。
- 同时声明和赋值变量。
- 不声明直接赋值。

例如声明变量的同时为变量赋值：

```
var width = 20;          //在声明变量 width 的同时，将数值 20 赋给了变量 width
var x, y, z = 10;        //在一行代码中声明多个变量时，各变量之间用逗号分隔
```

不声明变量而直接使用：

```
x=88;  //没有声明变量 x，直接使用
```

注意：

JavaScript 区分大小写，特别是变量的命名、语句关键字等，这种错误有时很难查找。

变量可以不经声明而直接使用，但这种方法很容易出错，也很难查找排错，不推荐使用。在使用变量之前，应先声明后使用，养成良好的编程习惯。

2.2 数据类型

尽管在声明变量时不需要声明变量的数据类型，而是由赋给变量的值决定。但在 JavaScript 中，提供了常用的基本数据类型，这些数据类型如下所示：

- undefined（未定义类型）。
- null（空类型）。
- number（数值类型）。
- string（字符串类型）。
- boolean（布尔类型）。

1. undefined 类型

如前面的示例显示的一样，undefined 类型只有一个值，即 undefined。当声明的变量未初始化时，该变量的默认值是 undefined。

```
var width;
```

这行代码声明了变量 width，且此变量没有初始值，将被赋予值 undefined。

2. null 类型

只有一个值的类型是 null，是一个表示“什么都没有”的占位符，可以用来检测某个变量是否被赋值。值 undefined 实际上是值 null 派生来的，因此 JavaScript 把它们定义为相等的。

```
alert(null==undefined);     //返回值为 true
```

尽管这两个值相等，但它们的含义不同，undefined 是声明了变量但未对该量赋值，null 则表示对该变量赋予了一个空值。

3. number 类型

JavaScript 中定义的最特殊的类型是 number 类型，这种类型既可以表示 32 位的整数，还可以表示 64 位的浮点数。下面的代码声明了存放整数值和浮点数值的变量。

```
var iNum=23;
var iNum=23.0;
```

整数也可以表示为八进制或十六进制，八进制首数字必须是 0，其后的数字可以是任何八进制数字（0～7），十六进制首数字也必须是 0，后面是任意的十六进制数字和字母（0～9 和 A～F），例如下面的代码：

```
var iNum=070;          //070 等于十进制的 56
var iNum=0x1f;         //0x1f 等于十进制的 31
```

对于非常大或非常小的数，可以用科学计数法表示浮点数，也是 number 类型。另外一个特殊值 NaN（Not a Number）表示非数，它是 number 类型，例如：

```
typeof(NaN);           //返回值为 number
```

4. string 类型

（1）字符串定义。

在 JavaScript 中，字符串是一组被引号（单引号或双引号）括起来的文本，例如：

```
var string1="This is a string";      //定义了一个字符串 string1
```

（2）字符的属性与方法。

JavaScript 语言中的 String 也是一种对象，它有一个 length 属性，表示字符串的长度（包括空格等），调用 length 的语法如下：

```
字符串对象.length;
```

在 JavaScript 中，字符串对象的使用语法如下：

```
字符串对象.方法名();
```

JavaScript 语言中的 String 对象也有许多方法用来处理和操作字符串，常用的方法如表 1-1 所示。

表 1-1　String 对象常用方法

方法	描述
toString()	返回字符串
toLowerCase()	把字符串转化为小写
toUpperCase()	把字符串转化为大写
charAt(index)	返回在指定位置的字符
indexOf(str,index)	查找某个指定的字符串在字符串中首次出现的位置
substring(index1,index2)	返回位于指定索引 index1 和 index2 之间的字符串，并且包括索引 index1 对应的字符，不包括索引 index2 对应的字符
split(str)	将字符串分割为字符串数组

5. boolean 类型

boolean 型数据被称为布尔型数据或逻辑型数据，boolean 类型是 JavaScript 中最常用的类型之一，它只有两个值 true 和 false。

有时候需要检测变量的具体数据类型，JavaScript 提供了 typeof 运算符来判断一个值或变量究竟属于哪种数据类型。语法为：

```
typeof(变量或值)
```

其返回结果有以下几种：

- undefined：如果变量是 undefined 型的。
- number：如果变量是 number 型的。
- string：如果变量是 string 型的。
- boolean：如果变量是 boolean 型的。
- object：如果变量是 null 型，或者变量是一种引用类型，例如对象、函数、数组。

例如，如下示例将在页面输出“name:string”：

```
var name="rose";
document.write("name: "+typeof(name));
```

2.3 运算符

在 JavaScript 中常用的运算符可分为算术运算符、赋值运算符、比较运算符和逻辑运算符，如表 1-2 所示。

表 1-2 常用的运算符

类别	运算符号
算术运算符	+、-、*、/、%、++、--
赋值运算符	=
比较运算符	>、<、>=、<=、==、!=
逻辑运算符	&&、||、!

1. 算术运算符

算术运算符用于执行变量与/或值之间的算术运算，如加（+）、减（-）、取余（%）等。例如：

```
var x=5;
var y=x%2;      //y 的值为 1
```

2. 赋值运算符

赋值运算符用于给 JavaScript 变量赋值。

3. 比较运算符

比较运算符在逻辑语句中使用，以测定变量或值之间的关系，如大于（>）、小于等于（<=）、等于（==）、不等于（!=）。

4. 逻辑运算符

逻辑运算符用于测定变量或值之间的逻辑关系。

2.4 注释

注释是描述部分程序功能或整个程序功能的一段说明性文字，注释不会被解释器执行，而是直接跳过。注释的功能是帮助开发人员阅读、理解、维护和调试程序。JavaScript 语言的注释与 Java 语言的注释一样，分为单行注释和多行注释两种。

- 单行注释以 // 开始，以行末结束，例如：

```
alert("恭喜你!注册会员成功");     //在页面上弹出注册会员成功的提示框
```

- 多行注释以 /* 开始，以 */ 结束，例如：

```
/*
在页面上输出 5 次"Hello World"
*/
for(var i=0;i<5;i++){
    document.write("<h3>Hello World</h3>");
}
```

2.5　选择结构

程序简单讲就是一系列有序指令的集合，使用逻辑控制语句控制程序的执行顺序。程序结构主要分为三大类：顺序结构、选择结构和循环结构。本章中，我们首先简单了解一下选择结构。

选择结构（有时也称为条件结构），就是基于不同的条件来执行不同的动作，实现不同的结果。选择结构分为 if 结构和 switch 结构这两种，下面详细介绍选择结构。

1．选择结构之基本 if 结构

基本语法如下：

```
if(表达式){
        //JavaScript 语句 1;
 }
```

其中，当表达式的值为 true 时，才执行 JavaScript 语句 1。

2．选择结构之 if…else 结构

基本语法如下：

```
if(表达式){
        //JavaScript 语句 1;
 }else{
        //JavaScript 语句 2;
 }
```

其中，当表达式的值为 true 时，执行 JavaScript 语句 1，否则执行后面的语句 2。

3．选择结构之多重 if 结构

基本语法如下：

```
if(表达式 1) {
        //JavaScript 语句 1
}
else if(表达式 2) {
        //JavaScript 语句 2
}
else {
        //JavaScript 语句 3
}
```

其中，当表达式 1 的值为 true 时，执行 JavaScript 语句 1，否则进行再判断，判断表达式 2 如果为 true，执行语句 2，否则执行语句 3。

4．选择结构之 switch 结构

基本语法如下：

```
switch(表达式){
    case 值 1:
      //JavaScript 语句 1;
      break;
    case 值 2:
```

```
        //JavaScript 语句 2;
        break;
    …
    default:
        //JavaScript 语句 n;
        break;
}
```

其中，case 表示条件判断，关键字 break 会使代码跳出 switch 语句，如果没有关键字 break，代码就会继续执行，进入下一个 case。关键字 default 说明表达式的结果不等于任何一种情况。

在 JavaScript 中，switch 语句可以用于数值和字符串，例如：

```
var weekday="星期一";
switch(weekday){
    case "星期一":
        alert("新的一周开始了");
        break;
    case "星期五":
        alert("明天就可以休息了");
        break;
    default:
        alert("努力工作");
        break;
}
```

2.6 信息提示的使用

在网上冲浪时，页面上经常会弹出一些信息提示框，例如注册时弹出提示输入信息的提示框，或者弹出一个等待用户输入数据的对话框等，这样的输入或输出在 JavaScript 中称为警告对话框（alert）和提示对话框（prompt）。

1. 警告（alert）

alert()方法前面已经用过，此方法会创建一个特殊的小窗口，该窗口带有一个字符串和一个“确定”按钮，如图 1.7 所示。

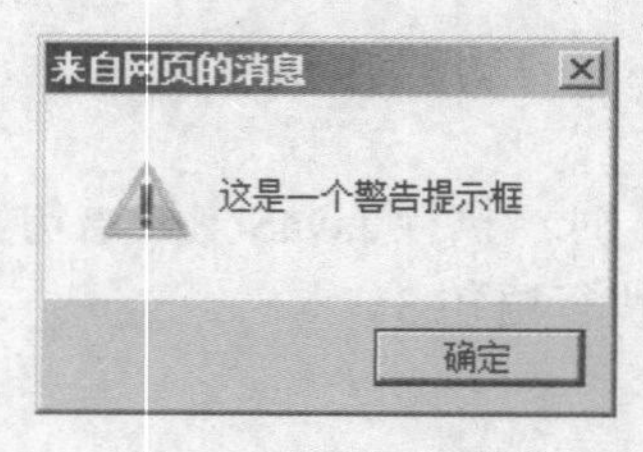

图 1.7　警告对话框

alert()方法的基本语法格式为：

```
alert("提示信息");
```

该方法将弹出一个警告对话框，其内容可以是一个变量的值，也可以是一个表达式的值。如果要显示其他类型的值，需要将其强制转换为字符串型。以下代码都是合法的：

```
var userName="rose";
var string1="我的名字叫 rose";
alert("Hello World");
alert("我的名字叫"+userName);
alert(string1);
```

2. 提示（prompt）

prompt()方法会弹出一个提示对话框，等待用户输入一行数据。

prompt()方法的基本语法格式为：

```
prompt("提示信息","输入框的默认信息");
```

注意：程序调试是 JavaScript 中的一个重要环节，在 JavaScript 中 alert()方法经常被用来进行调试程序。通过 alert()方法将不确定的数据以信息框的方式展示，以此来判断出现错误的位置。

操作案例 2：模拟计算器

需求描述

实现一个简易版计算器功能，要求如下：

- 用户分别输入两个数字以及运算符。
- 给出运算结果。

完成效果

用户输入效果如图 1.8 所示，给出运算结果界面如图 1.9 所示。

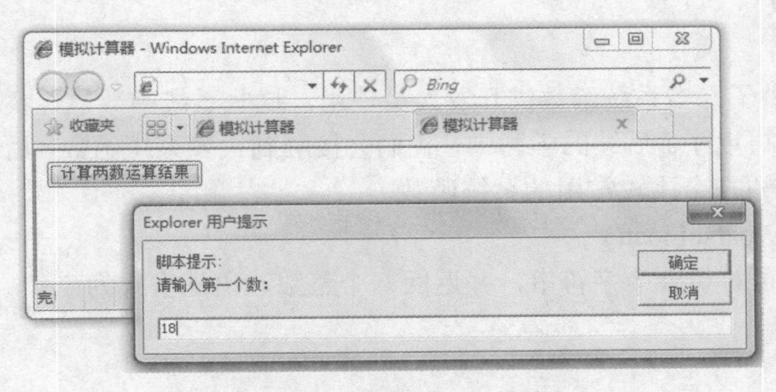

图 1.8　输入数字及运算符

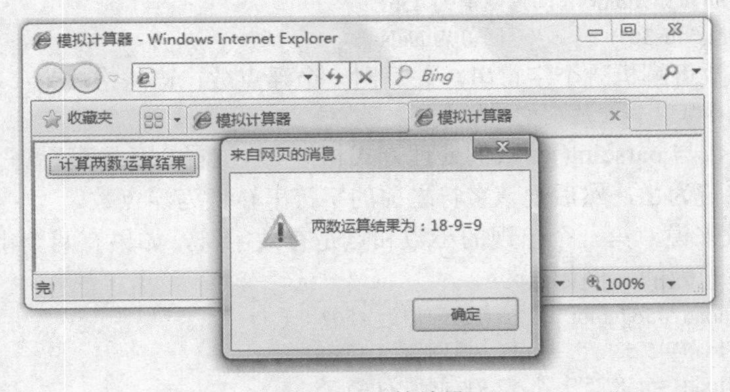

图 1.9　运算结果

技能要点

- 多重 if 结构。
- JavaScript 中称为警告对话框（alert）和提示对话框（prompt）。

关键代码

- 使用 prompt()方法获取两个变量的值和一个运算符。代码如下：

```
var op1=prompt("请输入第一个数：","");
var op2=prompt("请输入第二个数：","");
var sign=prompt("请输入运算符号","")
var result;
opp1=parseFloat(op1);
opp2=parseFloat(op2);
```

- 运算结果使用 alert()方法显示出来。代码如下：

```
alert("两数运算结果为："+op1+sign+op2+"="+result);
```

3 函数

在 JavaScript 中，函数是程序的基本单元，是完成特定任务的代码语句块，执行特定的功能。

JavaScript 中的函数有两种：一种是 JavaScript 自带的系统函数，另一种是用户自行创建的自定义函数，下面分别来学习这两种函数。

3.1 系统函数

JavaScript 提供了许多系统函数供开发人员使用，这些系统函数已经实现了某些功能，开发人员直接调用就可以了。后续的学习中，我们会接触到很多系统函数，后续章节会进行详细讲解，下面举例介绍几个比较常用的系统函数。

1. parseInt()与 parseFloat()

parseInt()函数可解析一个字符串，并返回一个整数，语法格式为：

```
parseInt("字数串")
```

例如：

```
var num1=parseInt("78.89")         //返回值为 78
var num2=parseInt("4567color")     //返回值为 4567
var num3=parseInt("this36")        //返回值为 NaN
```

parseFloat()函数可解析一个字符串，并返回一个浮点数，语法格式为：

```
parseFloat("字数串")
```

parseFloat()函数与 parseInt()函数的处理方式相似，从位置 0 开始查看每个字符，直到找到第一个非有效的字符为止，然后把该字符之前的字符串转换为浮点数。

对于这个函数来说，第一个出现的小数和点是有效字符，如果有两个小数点，那么第二个小数点被看作是无效的。例如：

```
var num1=parseFloat("4567color");      //返回值为 4567
var num1=parseFloat("45.58");          //返回值为 45.58
var num1=parseFloat("45.58.25");       //返回值为 45.58
```

```
var num1=parseFloat("color4567");        //返回值为 NaN
```

2. isNaN()

isNaN()函数用于检查其参数是否是非数字，语法格式为：

```
isNaN(x)
```

如果 x 是特殊的非数字值，返回值就是 true，否则返回 false。例如：

```
var flag1=isNaN("12.5");                //返回值为 false
var flag2=isNaN("12.5s");               //返回值为 true
var flag3=isNaN(45.8);                  //返回值为 false
```

注意：isNaN()函数通常用于检测 parseFloat()和 parseInt()的结果，以判断它们表示的是否为合法的数字。也可以用 isNaN()函数来检测算数的错误，例如用 0 作除数的情况。

3.2 自定义函数

自定义函数指的是开发人员根据业务需求，自行开发的功能代码块。

同任何一种编程语言一样，JavaScript 中自定义函数也需要先定义函数，然后才能调用函数。下面学习如何定义函数及调用函数。

1. 定义函数

在 JavaScript 中，自定义函数由关键字 function、函数名、一组参数以及置于括号中的待执行的 JavaScript 语句组成，语法格式为：

```
function  函数名(参数 1,参数 2,参数 3,…){
//JavaScript 语句;
[return  返回值]
}
```

function 是定义函数的关键字，必须得有。

参数 1、参数 2 等是函数的参数。因为 JavaScript 本身是弱类型，所以它的参数也没有类型检查和类型限定。函数中的参数是可选的，根据函数是否带参数，可分为不带参数的无参函数和有参函数。例如：

```
function  函数名(){
  //JavaScript 语句;
}
```

“{”和“}”定义了函数的开始和结束。

return 语句用来规定函数返回的值。

2. 调用函数

要执行一个函数，必须先调用这个函数，当调用函数时，必须指定函数名及其后面的参数（如果有参数）。函数的调用一般和元素的事件结合使用，调用格式如下：

```
事件名="函数名()";
```

下面通过示例 3 和示例 4 来学习如何定义函数和调用函数。

示例 3

```
<script type="text/javascript">
<!--
```

```
function showHello(){
        for(var i=0;i<5;i++){
                document.write("<h2>Hello World</h2>");
            }
    }
-->
</script>
…
<input name="btn" type="button" value="显示 5 次 HelloWorld" onclick= "showHello()" />
```

showHello()是创建的无参函数。

onclick 表示按钮的单击事件，当单击按钮时调用函数 showHello()。

在浏览器中运行示例 7，如图 1.10 所示，单击“显示 5 次 HelloWorld”按钮，调用无参函数 showHello()，在页面中循环输出 5 行“Hello World”。

图 1.10　调用无参函数

在示例 3 中使用的是无参函数，运行一次页面只能输出 5 行“Hello World”，如果需要根据用户的要求每次输出不同行数，该怎么办呢？有参函数可以实现这样的功能。

下面修改示例 3，把函数 showHello()修改成一个有参函数，使用 prompt()提示用户每次输出“Hello World”的行数，然后将 prompt()方法返回的值作为参数传递给函数 showHello()。

示例 4

```
<script type="text/javascript">
<!--
function showHello(count){
      for(var i=0;i<count;i++){
              document.write("<h2>Hello World</h2>");
          }
}
-->
</script>
…
<input name="btn" type="button" value="请输入显示 HelloWorld 的次数" onclick="showHello(prompt('请输入显示 Hello World 的次数:',''))"/>
…
```

count 表示传递的参数，不需要定义数据类型。

将 prompt()方法返回的值作为参数传递给函数 showHello(count)。

在浏览器中运行示例 4，单击页面上的按钮，弹出提示用户输入显示 Hello World 次数的窗口，用户输入值后，根据用户输入的值在页面上输出 Hello World，如图 1.11 所示。

图 1.11　动态显示 Hello World

3.3　变量的作用域

在 JavaScript 中，根据变量作用范围不同，可分为全局变量和局部变量。

JavaScript 中的全局变量，是在所有函数之外的脚本中声明的变量，作用范围是该变量定义后的所有语句，包括其后定义的函数中的代码，以及其后的<script>与</script>标签中的代码，例如下面的示例代码中声明的变量 i。

JavaScript 中的局部变量，是在函数内声明的变量，只有在该函数中且位于该变量之后的代码可以使用这个变量，如果在之后的其他函数中声明了与这个局部变量同名的变量，则后声明的变量与这个局部变量毫无关系。

请使用断点调试的方式运行下面的示例 5，分析全局变量和局部变量的作用。

示例 5

```
<html>
<head>
<meta http-equiv="Content-Type" content="text/html; charset=utf-8" />
<title>变量的作用范围</title>
<script type="text/javascript">
<!--
var i=20;
function first(){
    var i=5;
    for(var j=0;j<i;j++){
        document.write("    "+j);
    }
}
```

```
    function second(){
        var t=prompt("输入一个数","")
        if(t>i){
            document.write(t);}
        else{
           document.write(i);}
        first();
    }
    -->
    </script>
    </head>
    <body onload="second()">
    </body>
    </html>
```

运行上面的例子，在 prompt()弹出的输入框中输入 12，单击“确定”按钮，运行效果如图 1.12 所示。

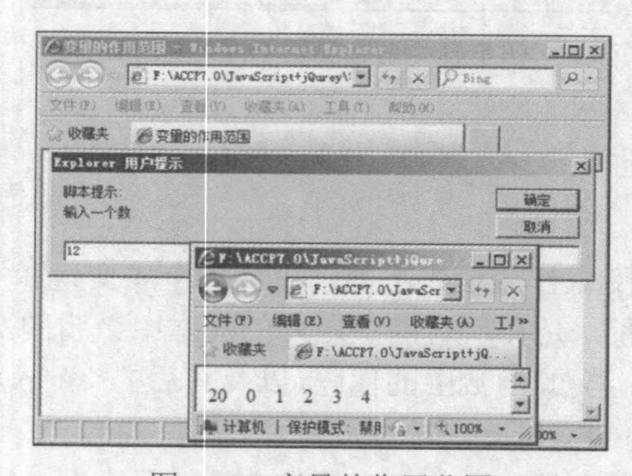

图 1.12　变量的作用范围

这里使用了 onload 事件，onload 事件会在页面加载完成后立即发生。将断点设置在 var i=20;这一行，按单步运行。我们会发现，先执行 var i=20，设置 i 为全局变量，接着运行 onload 事件调用 second()函数，在函数中，因为输入的值 12 小于 20，因此执行 else 语句，即在页面中输出了 20。然后执行函数 first()，在函数 first()中，声明的 i 为局部变量，它只作用于函数 first()中，因此 for 循环输出了 0、1、2、3、4。

操作案例 3：模拟 QQ 登录验证

需求描述

QQ 登录过程中，验证用户输入的用户名和密码，要求如下：

- 与事先设定好的用户名（例如 hello）、密码（例如 123456）进行对比，提示对比结果。
- 用户名和密码为空时给出提示。

完成效果

运行网页，效果如图 1.13、图 1.14 所示。

图 1.13　密码提示

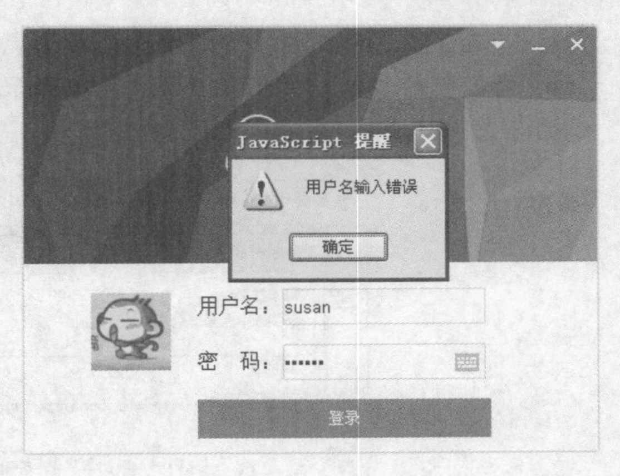

图 1.14　用户名提示

技能要点

- 多重 if 结构。
- 自定义函数。

实现思路

- <input>标签中的 onclick 属性值设置为函数名，实现单击按钮对函数的调用。

```
<input type="button" value="登录" onclick="check();"/>
```

- 函数内利用多重 if 结构判断。

本章总结

- JavaScript 的基本语法以及三种调用方式。
- 条件结构 if 语句及 switch 语句的用法。
- 自定义函数使用关键字 function。
- 调用函数常使用的格式：事件名="函数名()";。

本章作业

1．根据你的理解，简述 JavaScript 脚本的执行原理。

2．简述 JavaScript 的组成以及每部分的作用。

3．简述 JavaScript 常用的基本数据类型有哪些。

4．使用 prompt()方法在页面中弹出提示对话框，根据用户输入星期一～星期日的不同，弹出不同的信息提示对话框，要求使用函数实现，具体要求如下：

- 输入“星期一”时，弹出“新的一周开始了”。
- 输入“星期二”“星期三”“星期四”时，弹出“努力工作”。
- 输入“星期五”时，弹出“明天就是周末了”。
- 输入“星期六”“星期日”时，弹出“放松地休息”。

效果如图 1.15、图 1.16、图 1.17 所示。

5．统计语文、数学、计算机三门课程的总成绩。使用 prompt()方法在页面中弹出提示对话框，提示用户输入三门课的成绩，弹出总成绩，要求使用函数实现，具体要求如下：

- 成绩必须为数字，否则给出提示信息。
- 成绩必须大于等于零，否则给出提示信息。

效果如图 1.18、图 1.19、图 1.20 所示。

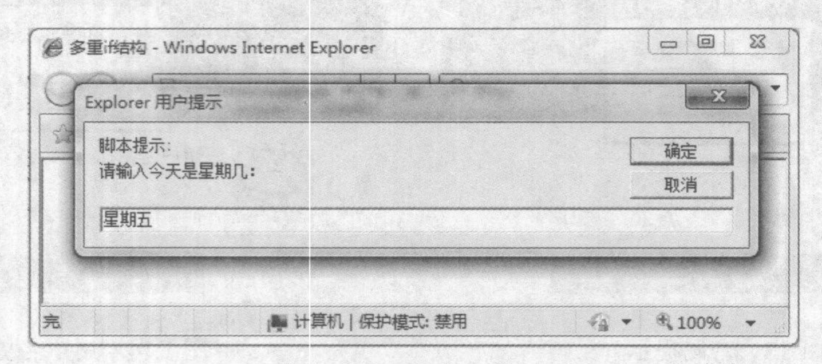

图 1.15　输入星期

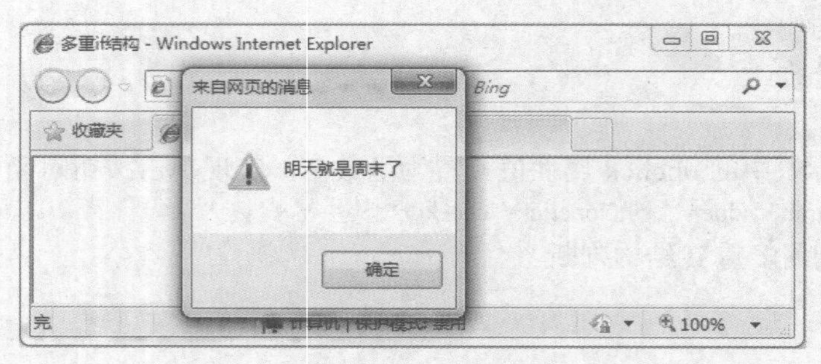

图 1.16　提示正确信息

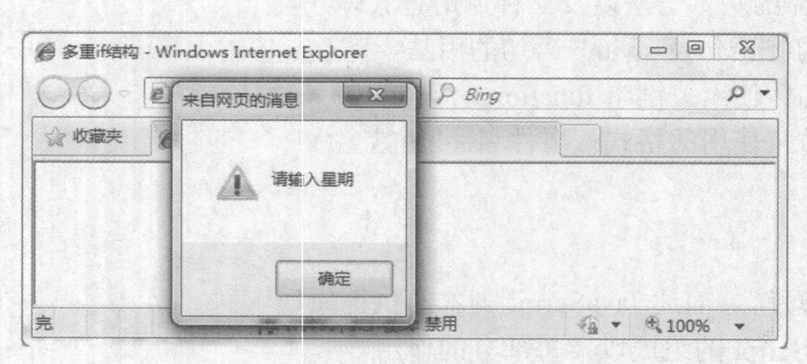

图 1.17　提示错误信息

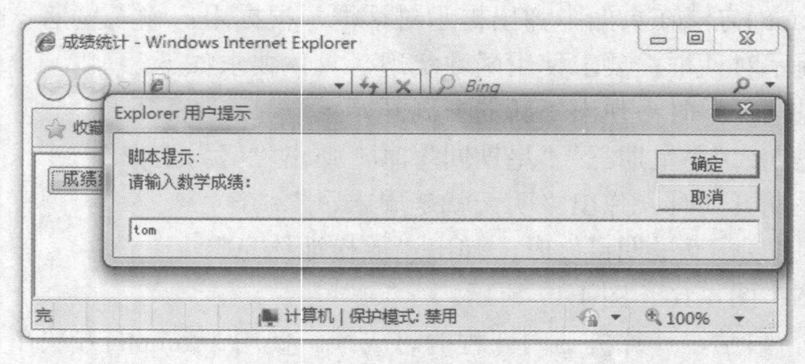

图 1.18　输入非数字成绩

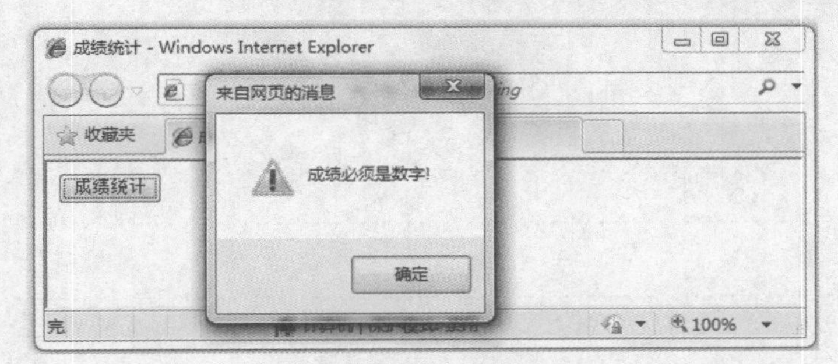

图 1.19　输入非数字成绩提示信息

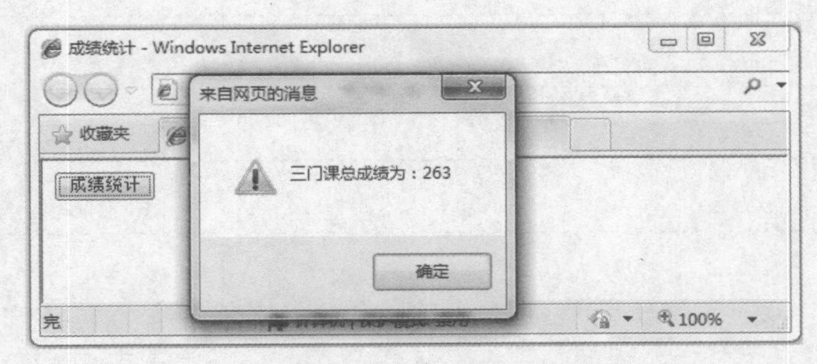

图 1.20　输入正确后统计结果

6．请登录课工场，按要求完成预习作业。

随手笔记

第 2 章

JavaScript 对象

本章技能目标

- 会使用 document 对象的方法访问 DOM 元素
- 会使用 Date 对象、定时函数、数组
- 掌握 switch 条件语句的用法

本章简介

BOM 指的是浏览器对象模型，它提供了独立于内容的、与浏览器窗口进行交互的对象模型，简单地讲，BOM 用来管理窗口与窗口之间的通信，例如弹出一个新浏览器窗口、改变窗口大小等，这些都是 BOM 提供的功能。

本章主要介绍组成 BOM 的核心对象的用法，包括 window、document、location 和 history 对象，同时还要学习 Date 对象和常用的定时函数，在完成项目案例的同时，数组的加入可以大大优化你的程序。

1 认识 BOM

BOM（Browser Object Model）是浏览器对象模型的简称，它是 JavaScript 的组成之一，用来控制浏览器的各种操作。BOM 提供了独立于内容的、可以与浏览器窗口进行交互的一系列对象，这些对象分别对浏览器进行不同的交互操作，它的主要功能如下：

- 弹出新的浏览器窗口。
- 移动、关闭浏览器窗口及调整窗口大小。
- 实现页面的前进和后退功能。
- 提供 Web 浏览器详细信息的导航对象。
- 提供用户屏幕分辨率详细信息的屏幕对象。
- 支持 Cookies。

由于 BOM 还没有相关的统一标准，这样就导致了每种浏览器都有其自己对 BOM 的实现方式，W3C 组织目前正在致力于促进 BOM 的标准化。

BOM 最直接的作用是将相关的元素组织包装起来，提供给程序设计人员使用，从而降低开发人员的劳动量，提高设计 Web 页面的能力。BOM 是一个分层结构，如图 2.1 所示。

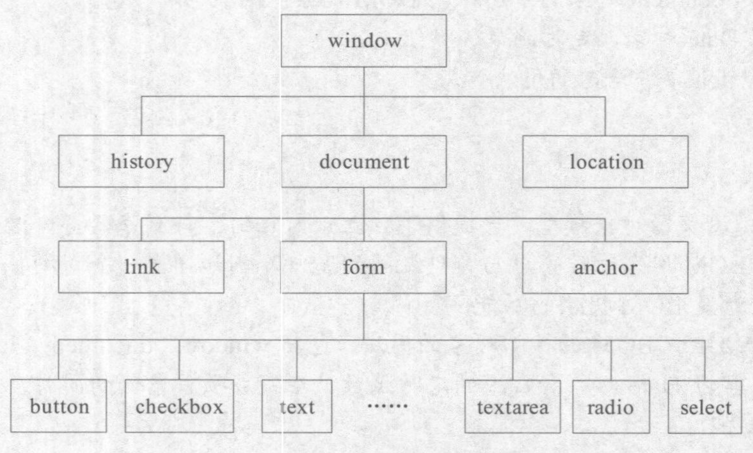

图 2.1 BOM 模型图

接下来，我们就来详细地介绍 BOM 各个核心对象的用法。

从图 2.1 可以看出，window 对象是整个 BOM 的核心，在浏览器中打开网页后，首先看到的是浏览器窗口，即顶层的 window 对象；其次是网页文档内容，即 document（文档）。它的内容包括一些超链接（link）、表单（form）、锚（anchor）等，表单由文本框（text）、单选按钮（radio）、按钮（button）等表单元素组成。在浏览器对象结构中，除了 document 对象外，window 对象之下还有两个对象：地址对象（location）和历史对象（history），它们对应于 IE 中的地址栏和前进/后退按钮，我们可以利用这些对象的方法，实现类似的功能。使用 BOM 通常可实现如下功能：

- 弹出新的浏览器窗口。
- 移动、关闭浏览器窗口及调整窗口的大小。

● 在浏览器窗口中实现页面的前进、后退功能。

2 window 对象

window 对象也称为浏览器对象。当浏览器打开 HTML 文档时，通常会创建一个 window 对象。如果文档定义了一个或多个框架，浏览器将为原始文档创建一个 window 对象，同时为每一个框架另外创建一个 window 对象。下面我们就来学习 window 对象常用的属性、方法和事件。

2.1 常用的属性

window 对象的常用属性如表 2-1 所示。

表 2-1 window 对象的常用属性

名称	说明
history	有关客户访问过的 URL 的信息
location	有关当前 URL 的信息

在 JavaScript 中，属性的语法格式如下：

```
window.属性名="属性值"
```

例如，window.location="http://www.sohu.com"；表示跳转到 sohu 主页。

另外，这两个常用的属性就是前面提到的 BOM 模型中的对象，后面会详细介绍。

2.2 常用的方法

window 对象的常用方法如表 2-2 所示。

表 2-2 window 对象的常用方法

名称	说明
prompt()	显示可提示用户输入的对话框
alert()	显示一个带有提示信息和一个“确定”按钮的警示对话框
confirm()	显示一个带有提示信息、“确定”和“取消”按钮的对话框
close()	关闭浏览器窗口
open()	打开一个新的浏览器窗口，加载给定 URL 所指定的文档
setTimeout()	在指定的毫秒数后调用函数或计算表达式
setInterval()	按照指定的周期（以毫秒计）来调用函数或表达式

在 JavaScript 中，方法的使用格式如下：

```
window.方法名();
```

window 对象是全局对象，所以在使用 window 对象的属性和方法时，window 可以省略。例如，之前直接使用的 alert()，而不会写成 window.alert()。

下面选择几个比较常用的来介绍其具体用法。

2.2.1 confirm()方法

confirm()将弹出一个确认对话框，语法格式如下：

```
window.confirm("对话框中显示的纯文本");
```

例如，window.confirm("确认要删除此条信息吗？");在页面上弹出如图 2.2 所示的对话框。

图 2.2　确认对话框

在 confirm()弹出的确认对话框中，有一条提示信息、一个“确定”按钮和一个“取消”按钮。如果用户单击“确定”按钮，则 confirm()返回 true；如果单击“取消”按钮，则 confirm()返回 false。

在用户单击“确定”按钮或“取消”按钮将对话框关闭之前，它将阻止用户对浏览器的所有操作。也就是说，当调用 confirm()时，在用户做出应答（单击按钮或关闭对话框）之前，不会执行下一条语句，如示例 1 所示。

示例 1

```
<html>
<head>
<meta http-equiv="Content-Type" content="text/html; charset=gb2312" />
<title>确认对话框</title>
<script type="text/javascript">
var flag=confirm("确认要删除此条信息吗?");
if(flag==true){
    alert("删除成功!");
}else{
    alert("你取消了删除");
}
</script>
</head>
<body>
</body>
</html>
```

在浏览器中运行示例 1，如果单击“确定”按钮，则弹出如图 2.3 所示的对话框；如果单击“取消”按钮，则弹出如图 2.4 所示的对话框。

图 2.3　单击“确定”按钮

图 2.4　单击“取消”按钮

之前已经学习了 prompt()方法和 alert()方法的用法，与 confirm()方法相比较，虽然它们都是在页面上弹出对话框，但作用却不相同：

- alert()只有一个参数，仅显示警告对话框的消息，无返回值，不能对脚本产生任何改变。
- prompt()有两个参数，是输入对话框，用来提示用户输入一些信息，单击“取消”按钮则返回 null，单击“确定”按钮则返回用户输入的值，常用于收集用户关于特定问题而反馈的信息。
- confirm()只有一个参数，是确认对话框，显示提示对话框的消息、“确定”按钮和“取消”按钮，单击“确定”按钮返回 true，单击“取消”按钮返回 false，因此常用于 if-else 语句。

2.2.2　open()方法

在页面上弹出一个新的浏览器窗口，弹出窗口的语法格式如下：

```
window.open("弹出窗口的 url","窗口名称","窗口特征")
```

窗口的特征属性如表 2-3 所示。

表 2-3　窗口的特征属性

名称	说明
height、width	窗口文档显示区的高度、宽度，以像素计
left、top	窗口的 x 坐标、y 坐标，以像素计
toolbar=yes | no |1 | 0	是否显示浏览器的工具栏，默认是 yes
scrollbars=yes | no |1 | 0	是否显示滚动条，默认是 yes
location=yes | no |1 | 0	是否显示地址栏，默认是 yes
status=yes | no |1 | 0	是否添加状态栏，默认是 yes
menubar=yes | no |1 | 0	是否显示菜单栏，默认是 yes
resizable=yes | no |1 | 0	窗口是否可调节尺寸，默认是 yes
titlebar=yes | no |1 | 0	是否显示标题栏，默认是 yes
fullscreen=yes | no |1 | 0	是否使用全屏模式显示浏览器，默认是 no

open()方法的具体用法参见示例 2。

2.2.3　close()方法

close()方法用于关闭浏览器窗口，语法格式如下：

```
window.close();
```

setTimeout()和 setInterval()方法将在后面详细讲解。

2.3 常用的事件

window 对象的方法通常和事件结合使用，其实 window 对象有很多事件，比较常用的 window 对象事件如表 2-4 所示。

表 2-4 window 对象的常用事件

名称	说明
onload	一个页面或一幅图像完成加载
onmouseover	鼠标指针移到某元素之上
onclick	鼠标单击某个对象
onkeydown	某个键盘按键被按下
onchange	域的内容被改变

在网上冲浪时，通常打开一个页面就会有广告页面或网站的信息声明页面等弹出来，并且很多网站的弹出页面中包含可以对当前窗口进行关闭的按钮。在线观看电影时，经常会通过全屏显示来观看，这些功能都可以通过 window 对象来实现，下面就通过一个示例来学习 window 对象操作窗口。

示例 2

```
<html>
<head>
<meta http-equiv="Content-Type" content="text/html; charset=gb2312" />
<title>window 对象操作窗口</title>
<script type="text/javascript">
/*弹出窗口*/
function open_adv(){
    window.open("adv.html");
}
/*弹出固定大小窗口，并且无菜单栏等*/
function open_fix_adv(){
    window.open("adv.html","","height=380,width=320,toolbar=0,scrollbars=0,
                location=0,status=0,menubar=0,resizable=0");
}
/*全屏显示*/
function fullscreen(){
    window.open("plan.html","","fullscreen=yes");
}
/*弹出确认消息对话框*/
function confirm_msg(){
```

```
            if(confirm("你相信自己是最棒的吗?")){
                alert("有信心必定会赢，没信心一定会输!");
            }
        }
        /*关闭窗口*/
        function close_plan(){
            window.close();
        }
        </script>
        </head>
        <body>
        <form action="" method="post">
          <p><input name="open1" type="button" value="弹出窗口" onclick= "open_adv()" /></p>
          <p><input  name="open2"  type="button"  value="弹出固定大小窗口，且无菜单栏等"  onclick="open_
fix_adv()"/></p>
          <p><input name="full" type="button" value="全屏显示" onclick= "fullscreen()" /></p>
          <p><input name="con" type="button" value="打开确认窗口" onclick= "confirm_msg()" /></p>
          <p><input name="c" type="button" value="关闭窗口" onclick= "close_plan()" /></p>
        </form>
        </body>
        </html>
```

示例 2 将 window 对象的事件、方法与前面学习的函数结合起来，实现了弹出窗口、全屏显示页面、打开确认窗口和关闭窗口的功能。

首先创建不同的函数实现各个功能，然后通过各个按钮的单击事件来调用对应的函数，实现弹出窗口、全屏显示等功能。在浏览器中运行示例 2，运行结果如图 2.5 所示。

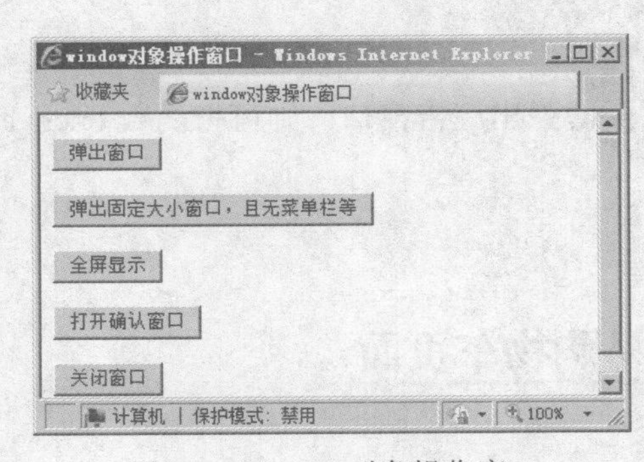

图 2.5　window 对象操作窗口

说明：

- 用户单击“弹出窗口”按钮时，调用 open_adv()函数，这个函数会调用 window.open()方法弹出新窗口，显示广告页面（预先保存了本页面，名称为 adv.html）。由于 open()方法只设定了打开窗口的页面，而没有对窗口名称和窗口特征进行设置，因此弹出的窗口和通常大家使用浏览器时弹出的窗口一样。
- 用户单击“弹出固定大小窗口，且无菜单栏等”按钮时，同样调用了 open()方法，但是此方法对弹出窗口的大小，是否有菜单栏、地址栏等进行了设置，即弹出的窗口大小固定，不能改变窗口大小，没有地址栏、菜单栏、工具栏等，如图 2.6 所示。

图 2.6 弹出窗口

- 单击“全屏显示”按钮，调用了 open()方法，设置全屏显示的页面是 plan.html，fullscreen 的值为 yes，即全屏模式显示浏览器。
- 单击“打开确认窗口”按钮，调用了 confirm_msg()函数，在这个函数中使用了 if-else 语句，并且把 confirm()方法的返回值作为 if-else 语句的表达式进行判断，在 confirm()弹出的确定对话框中，当单击“确定”按钮时，使用 alert()方法弹出一个警告对话框，否则什么也不显示。
- 单击“关闭窗口”按钮，调用 close()方法，将关闭当前窗口。

从示例 2 中可以看到，代码都是通过按钮的单击事件调用函数的。实际上，如果一个函数只调用一次，并且是加载页面时直接调用的，则可以使用网上常用的匿名函数的方式实现，语法格式如下：

```
事件名=function(){
  //JavaScript 代码;
}
```

示例 2 如果要求打开页面即弹出广告窗口，则可把函数 open_adv()修改为如下代码：

```
window.onload=function(){
    window.open("adv.html");
}
```


操作案例 1：制作简易购物车页面

需求描述

制作简易购物车页面，要求如下：

- 购物车页面有“提交订单”和“全屏显示”两个按钮，如图 2.7 所示。打开购物车页面时自动弹出广告页面，广告页面有关闭链接，实现关闭广告窗口的功能。
- 单击“提交订单”按钮时，弹出购物信息确认页面，如图 2.8 所示。
- 在确认信息页面中单击“确定”按钮，提交订单成功，即弹出提交成功信息提示对话框，如图 2.9 所示。

完成效果

效果如图 2.7、图 2.8、图 2.9 所示。

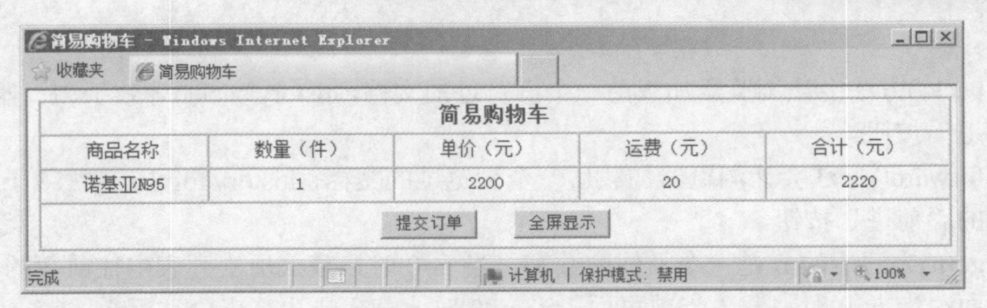

图 2.7　购物车页面

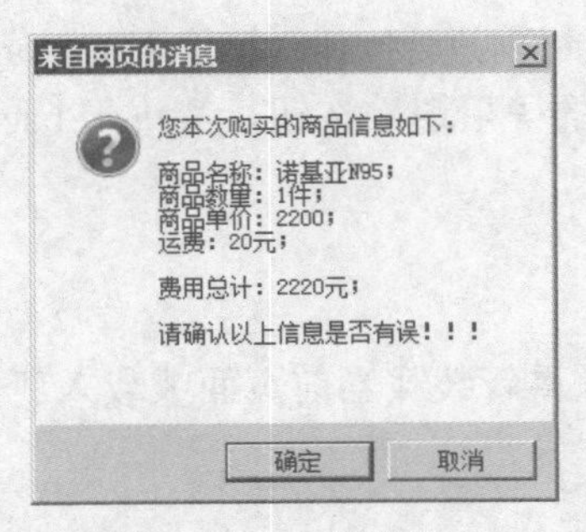

图 2.8　购物确认信息页面

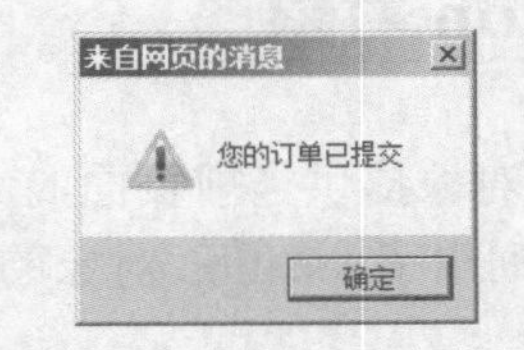

图 2.9　提示订单提交成功

技能要点

- 使用 open()方法弹出窗口。
- 使用 alert()方法提示信息。
- 使用 close()方法关闭窗口。
- 使用 confirm()方法进行信息确认。

实现思路

- 通过设置 window.open()的参数弹出广告窗口。

```
window.open("url", "窗口名称", "属性设置")
```

- 使用 confirm()方法确定订单信息，使用“\n”换行显示。
- 通过设置 open()方法的 fullscreen 属性设置是否全屏显示。

3　history 对象

history 对象提供用户最近浏览过的 URL 列表。但出于隐私方面的原因，history 对象不再允许脚本访问已经访问过的实际 URL，可以使用 history 对象提供的、逐个返回访问过的页面的方法，如表 2-5 所示。

表 2-5　history 对象的方法

名称	描述
back()	加载 history 对象列表中的前一个 URL
forward()	加载 history 对象列表中的后一个 URL
go()	加载 history 对象列表中的某个具体 URL

其中：

- back()方法会让浏览器加载前一个浏览过的文档，history.back()等效于浏览器中的“后退”按钮。
- forward()方法会让浏览器加载后一个浏览过的文档，history.forward()等效于浏览器中的“前进”按钮。
- go(n)方法中的 n 是一个具体的数字，当 n>0 时，载入历史列表中往前数的第 n 个页面；当 n=0 时，载入当前页面；当 n<0 时，载入历史列表中往后数的第 n 个页面。例如：
    - history.go(1)代表前进 1 页，相当于 IE 中的“前进”按钮，等价于 forward()方法。
    - history.go(-1)代表后退 1 页，相当于 IE 中的“后退”按钮，等价于 back()方法。

4 location 对象

location 对象提供当前页面的 URL 信息，并且可以重新装载当前页面或载入新页面，表 2-6 和表 2-7 列出了 location 对象的属性和方法。

表 2-6 location 对象的属性

名称	描述
host	设置或返回主机名和当前 URL 的端口号
hostname	设置或返回当前 URL 的主机名
href	设置或返回完整的 URL

表 2-7 location 对象的方法

名称	描述
reload()	重新加载当前文档
replace()	用新的文档替换当前文档

location 对象常用的属性是 href，通过对此属性设置不同的网址，从而达到跳转功能。下面通过示例 3 来学习如何使用 JavaScript 实现跳转功能。在示例 3 中有 main.html 和 flower.html 页面，main.html 页面显示鲜花介绍，实现查看鲜花情况的页面跳转和刷新本页面的功能，flower.html 页面可以查看鲜花的详细情况和返回主页面链接，关键代码如示例 3 所示。

示例 3

main.html 页面的代码如下：

```
<!--省略部分 HTML 代码-->
<body>
<img src="images/flow.jpg" alt="鲜花" /><br />
<a href="javascript:location.href='flower.html'">查看鲜花详情</a>
<a href="javascript:location.reload()">刷新本页</a>
</body>
```

flower.html 页面的代码如下：

```
<!--省略部分 HTML 代码-->
<body>
<img src="images/flow.jpg" />
<p style="text-align:right;"><a href="javascript:history.back()">返回主页面</a></p>
<p>服务提示：</p>非节日期间，可指定时间段送达；并且……<br />
<!--省略部分 HTML 代码-->
</body>
```

在浏览器中运行示例 3，在 main.html 页面中单击“刷新本页”链接，可通过 location 对象的 reload()方法刷新本页；单击“查看鲜花详情”链接，如图 2.10 所示，通过 location 对象的 href 属性跳转到 flower.html 页面，如图 2.11 所示；在 flower.html 页面中单击“返回主页面”链接，可通过 history 对象的 back()方法跳转到主页面。

图 2.10　location 和 history 对象的使用效果图（1）

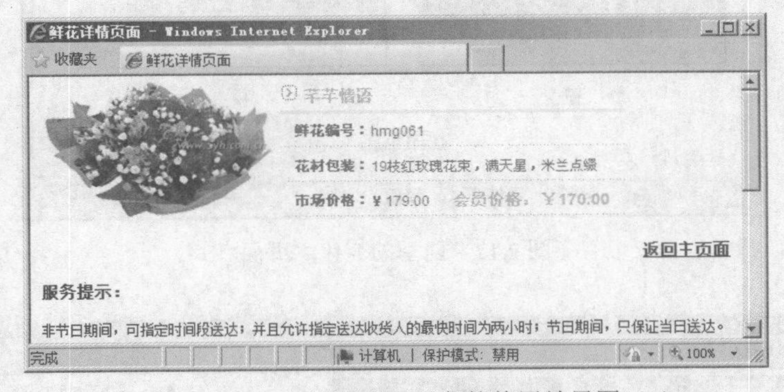

图 2.11　location 和 history 对象的使用效果图（2）

在示例 3 中使用了 location.href="url"实现页面跳转，这里也可省略 href，直接使用 location="url"来实现页面跳转。之前使用了<a href="url">的方式实现了页面跳转，但是这种方式跳转的是固定的页面，而使用 location 对象的 href 属性可以动态地改变链接的页面。

操作案例 2：查看一年四季的变化

需求描述

制作查看一年四季变化的页面，并且实现各页面的相互跳转，具体要求如下：

- 主页面，此页实现刷新功能，如图 2.12 所示。
- 单击主页面中不同的链接进入对应的季节介绍页面，如图 2.13 所示。
- 在季节介绍页面，单击不同的页面链接进入对应的页面，单击“后退”或“前进”链接，显示访问过的前一个页面或后一个页面的内容。

完成效果

效果如图 2.12、图 2.13 所示。

图 2.12　四季的变化主页面

图 2.13　冬季页面

技能要点

- location 对象。
- history 对象。

实现思路

使用 reload()方法实现页面自行刷新功能，使用 location 对象的 href 属性实现页面间的跳转，使用 back()方法、forward()方法或 go()方法实现页面的前进、后退。

5　document 对象

document 对象既是 window 对象的一部分，又代表了整个 HTML 文档，可用来访问页面中的所有元素。所以在使用 document 对象时，除了要适用于各浏览器外，也要符合 W3C（万维网联盟）的标准。

本节主要学习 document 对象的常用属性和方法，下面首先学习 document 对象的常用属性。

5.1　常用的属性

document 对象的常用属性如表 2-8 所示。

表 2-8　document 对象的常用属性

属性	描述
referrer	返回载入当前文档的 URL
URL	返回当前文档的 URL

referrer 的语法格式如下：

```
document.referrer
```

当前文档如果不是通过超链接访问的，则 document.referrer 的值为 null。

```
document.URL
```

上网浏览某个页面时，由于不是由指定的页面进入的，系统将会提醒不能浏览本页面或者直接跳转到其他页面，这样的功能实际上就是通过 referrer 属性来实现的。下面通过示例 4 来学习 referrer 的用法，代码如下所示。

示例 4

index.html 页面关键代码如下：

```
<!--省略部分 HTML 代码-->
<body>
<img src="images/d1.jpg" alt="中奖" />
<h1><a href="praise.html">马上去领奖啦!</a></h1>
</body>
```

在 index.html 中单击“马上去领奖啦!”链接，进入 praise.html 页面，如图 2.14 所示。

图 2.14 index.html 页面

在 praise.html 页面中使用 referrer 属性获得链接进入本页的页面地址，然后判断是否从领奖页面进入，如果不是，则页面自动跳转到登录页面（login.html 页面），praise.html 页面的关键代码如下所示：

```
<!--省略部分 HTML 代码-->
<title>奖品显示页面</title>
<script type="text/javascript">
var preUrl=document.referrer;   //载入本页面文档的地址
if(preUrl==""){
    document.write("<h2>您不是从领奖页面进入，5 秒后将自动跳转到登录页面</h2>");
    setTimeout("javascript:location.href='login.html'",5000);
}
</script>
</head>
<body>
<h2> 大奖赶快拿啦！笔记本！数码相机！ </h2>
</body>
```

praise.html 页面的关键代码中使用的 setTimeout()是定时函数，具体用法将在后面章节学习，只需要知道它在这里的作用是延迟 5 秒后自动跳转到 login.html 即可。

如果上述页面直接在本地运行，则无论是否从其他页面进入，referrer 获取的地址都将是一个空字符串，因此，需要模拟网站服务器端运行并查看效果：将此页面放在本机 IIS 下的某个虚拟主目录下或其他服务器上进行访问，假如已部署到某服务器，则在浏览器地址栏中输入“http:// localhost/referrer/index.html”访问领奖页面，单击“马上去领奖啦！”链接，进入 praise.html 页面，如图 2.15 所示。

图 2.15 奖品显示页面

如果直接在浏览器的地址栏中输入“http://localhost/referrer/parise.html”访问奖品显示页

面，则出现如图 2.16 所示的页面，提示用户进入本页的链接地址不正确。

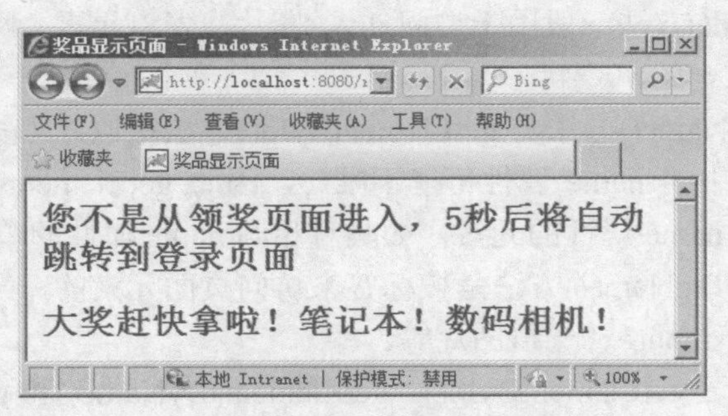

图 2.16　错误地进入奖品显示页面

5 秒后自动进入用户登录页面，如图 2.17 所示。

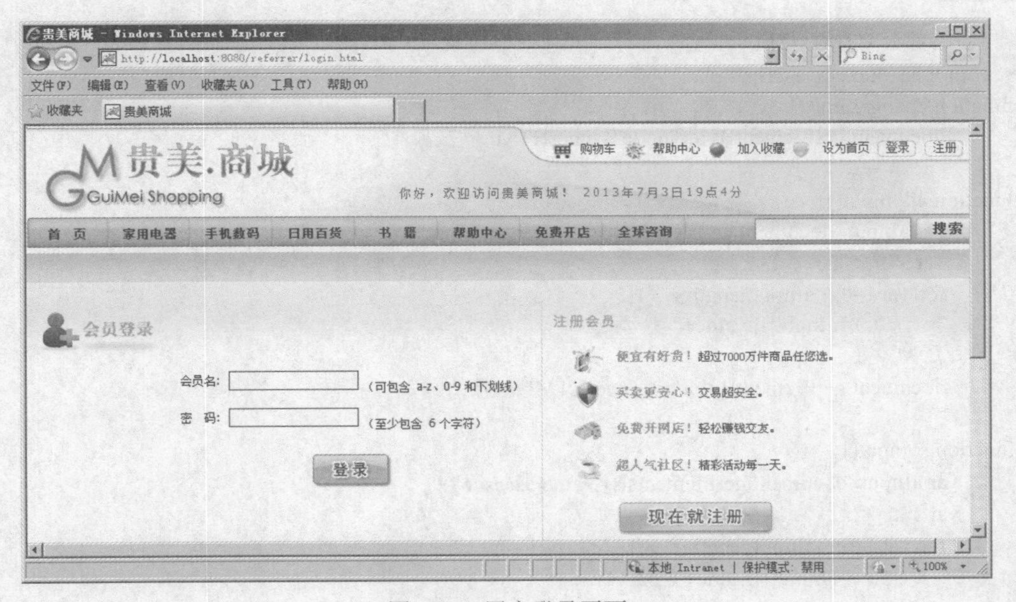

图 2.17　用户登录页面

5.2　常用的方法

document 对象的常用方法如表 2-9 所示。

表 2-9　document 对象的常用方法

方法	描述
getElementById()	返回对拥有指定 id 的第一个对象的引用
getElementsByName()	返回带有指定名称的对象的集合
getElementsByTagName()	返回带有指定标签名的对象的集合
write()	向文档写文本、HTML 表达式或 JavaScript 代码

其中：

- getElementById()方法一般用于访问 div、图片、表单元素、网页标签等，但要求访问对象的 id 是唯一的。
- getElementsByName()方法与 getElementById()方法相似，但它访问元素的 name 属性，由于一个文档中的 name 属性可能不唯一，因此 getElementsByName()方法一般用于访问一组相同 name 属性的元素，如具有相同 name 属性的单选按钮、复选框等。
- getElementsByTagName()方法是按标签来访问页面元素的，一般用于访问一组相同的元素，如一组<input>、一组图片等。

下面通过示例来学习 getElementById()、getElementsByName()和 getElementsByTagName()的用法和区别，代码如示例 5 所示。

示例 5

```
<!--省略部分 HTML 代码-->
<script type="text/javascript">
function changeLink(){
        document.getElementById("node").innerHTML="搜狐";
}
function all_input(){
        var aInput=document.getElementsByTagName("input");
        var sStr="";
        for(var i=0;i<aInput.length;i++){
            sStr+=aInput[i].value+"<br />";
        }
        document.getElementById("s").innerHTML=sStr;
}
function s_input(){
       var aInput=document.getElementsByName("season");
       var sStr="";
        for(var i=0;i<aInput.length;i++){
            sStr+=aInput[i].value+"<br />";
        }
        document.getElementById("s").innerHTML=sStr;
}
</script>
</head>
<body>
   <div id="node">新浪</div>
   <input name="b1" type="button" value="改变层内容" onclick="changeLink();" /><br />
   <br /><input name="season" type="text" value="春" />
   <input name="season" type="text" value="夏" />
   <input name="season" type="text" value="秋" />
   <input name="season" type="text" value="冬" />
   <br /><input name="b2" type="button" value="显示 input 内容" onclick= "all_input()" />
   <input name="b3" type="button" value="显示 season 内容" onclick="s_input()" />
   <p id="s"></p>
</body>
```

此示例中有 3 个按钮、4 个文本框、1 个 div 层和 1 个<p>标签，在浏览器中的页面效果如图 2.18 所示。

单击“改变层内容”按钮，调用 changeLink()函数，在函数中使用 getElementById()方法改变 id 为 node 的层的内容为“搜狐”，如图 2.19 所示。

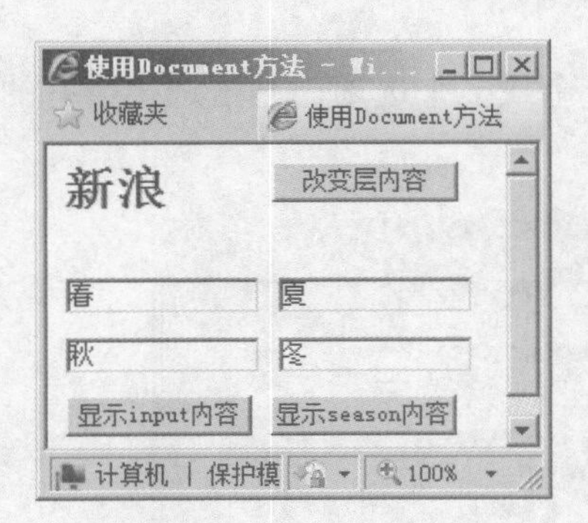

图 2.18　使用 document()方法的页面效果图

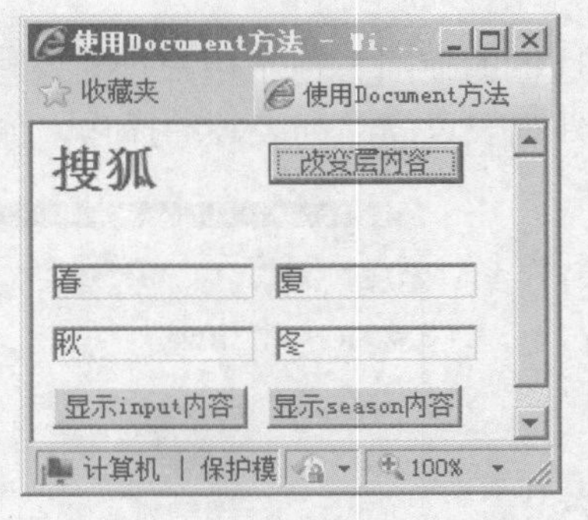

图 2.19　改变层内容

单击“显示 input 内容”按钮调用 all_input()函数，使用 getElementsByTagName()方法获取页面中所有标签为<input>的对象，即获取了 3 个按钮和 4 个文本框对象，然后将这些对象保存在数组 aInput 中。与 Java 中读取数组的方式相同，JavaScript 使用 length 属性获取 aInput 中元素的个数，使用 for 循环依次读取数组中对象的值并保存在变量 sStr 中，最后使用 getElementById()方法把变量 sStr 中的内容显示在 id 为 s 的<p>标签中，如图 2.20 所示。

单击“显示 season 内容”按钮，调用 s_input()函数，使用 getElementsByName()方法获取 name 为 season 的标签对象，然后把这些对象的值使用 getElementById()方法显示在 id 为 s 的<p>标签中，如图 2.21 所示。

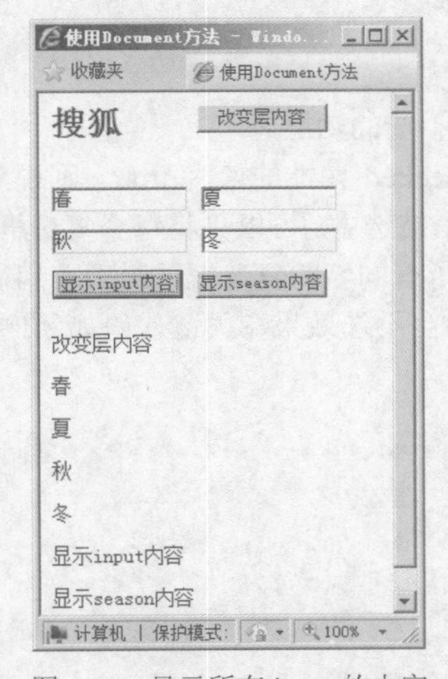

图 2.20　显示所有 input 的内容

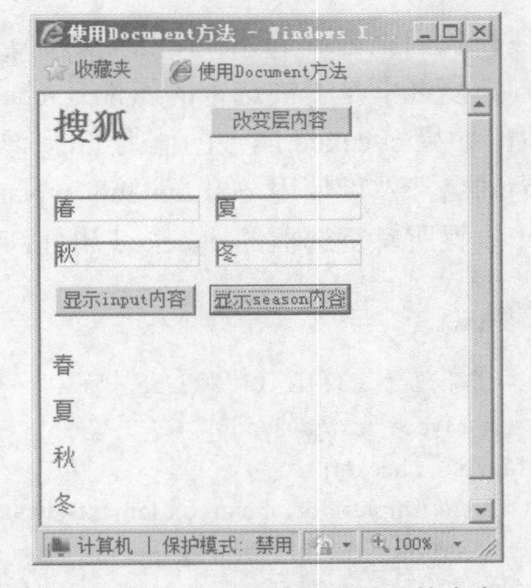

图 2.21　显示 name 为 season 的内容

innerHTML 是几乎所有的 HTML 元素都有的属性。它是一个字符串，用来设置或获取当前对象的开始标签和结束标签之间的 HTML。

以上学习了 document 对象的属性和方法，但是在实际工作中，常将 document 对象应用于复选框的全选效果。

5.3 复选框的全选/全不选效果

复选框的使用方便了用户针对某些问题时选择一个或多个选项，乃至选择所有的选项，如对邮件列表、商品列表等的操作，如图 2.22 所示。

图 2.22　复选框全部选中

现在我们就通过 JavaScript 来实现复选框全选或全不选的功能。

判断复选框是否被选中的属性是 checked，如果 checked 属性的值为 true，则说明复选框已选中；如果 checked 属性的值为 false，则说明复选框未被选中。可以先将每个复选框的 name 设置为同名，然后使用 getElementsByName()方法访问所有同名的复选框，最后使用循环语句来统一设置所有复选框的 checked 属性，从而实现全选/全不选效果，关键代码如示例 6 所示。

示例 6

```
<!--省略部分 HTML 代码和 CSS 代码-->
<script type="text/javascript">
 function check(){
       var oInput=document.getElementsByName("product");
       for(var i=0;i<oInput.length;i++)
              oInput[i].checked=document.getElementById("all").checked;
 }
</script>
</head>
```

```
<body><table border="0" cellspacing="0" cellpadding="0" class="bg">
    <!--省略部分 HTML 代码-->
    <td><input id="all" type="checkbox" value="全选" onclick="check();" />  全选</td>
    <td>商品图片</td>
    <td>商品名称/出售者/联系方式</td>
    <td>价格</td>
    <!--省略部分 HTML 代码-->
    <td><input name="product" type="checkbox" value="1" /></td>
    <!--省略部分 HTML 代码-->
    <td><input name="product" type="checkbox" value="2" /></td>
    <!--省略部分 HTML 代码-->
    <td><input name="product" type="checkbox" value="3" /></td>
    <!--省略部分 HTML 代码-->
    <tr>
    <td><input name="product" type="checkbox" value="4" /></td>
   <!--省略部分 HTML 代码-->
```

在 check()函数中，获取所有 name 为 product 的复选框，并保存在数组 oInput 中，然后使用 getElementById()方法获取 id 为 all 的“全选”复选框，并获得其 checked 属性值，在循环遍历复选框组时，将这个值赋给每个复选框的 checked 属性，便能实现全选和全不选的效果。

6　JavaScript 内置对象

在 JavaScript 中，系统的内置对象有 Array 对象、Date 对象、Math 对象和 String 对象等。

- Array：用于在单独的变量名中存储一系列的值。
- Date：用于操作日期和时间。
- Math：使我们有能力执行常用的数学任务，它包含了若干个数字常量和函数。
- String：用于支持对字符串的处理。

本节主要介绍 Array 对象、Date 对象和 Math 对象，String 对象在后续的学习中接触。

6.1　Array 对象

数组是具有相同数据类型的一个或多个值的集合。JavaScript 中的数组用一个名称存储一系列的值，用下标区分数组中的每个值，数组的下标从 0 开始。

JavaScript 中的数组的使用需要先创建、赋值，再访问数组元素，并通过数组的一些方法和属性对数组元素进行处理。

6.1.1　创建数组

在 JavaScript 中创建数组的语法格式如下：

```
var 数组名称= new Array(size);
```

其中，new 用来创建数组的关键字，Array 表示数组的关键字，而 size 表示数组中可存放的元素总数，因此 size 用整数来表示。

例如，var fruit=new Array(5);，表示创建了一个名称为 fruit，有 5 个元素的数组。

6.1.2 为数组元素赋值

在声明数组时，可以直接为数组元素赋值。其语法格式如下：

```
var fruit= new Array("apple", "orange", "peach","banana");
```

也可以分别为数组元素赋值。例如：

```
var fruit = new Array(4);
fruit [0] = "apple";
fruit [1] = "orange";
fruit [2] = "peach";
fruit [3] = "banana";
```

另外，除了 Array()对象外，数组还可以方括号“[”和“]”来定义，例如：

```
var fruit= ["apple","orange","peach","banana"];
```

6.1.3 访问数组元素

可以通过数组的名称和下标直接访问数组的元素，访问数组的表示形式：数组名[下标]。例如，fruit [0]表示访问数组中的第 1 个元素，fruit 是数组名，0 表示下标。

6.1.4 数组的常用属性和方法

数组是 JavaScript 中的一个对象，它有一组属性和方法，表 2-10 所示为数组的常用方法和属性。

表 2-10 数组的常用方法和属性

类别	名称	描述
属性	length	设置或返回数组中元素的数目
方法	join()	把数组的所有元素放入一个字符串，通过一个分隔符进行分隔
	sort()	对数组排序
	push()	向数组末尾添加一个或更多元素，并返回新的长度

其中：

- length

数组的 length 属性用于返回数组中元素的个数，返回值为整型。如果在创建数组时就指定了数组的 size 值，那么无论数组元素中是否存储了实际数据，该数组的 length 值都是这个指定的长度值（size）。例如，var score = new Array(6);，不管数组中的元素是否存储了实际数据，score.length 的值总是 6。

- join()

join()方法通过一个指定的分隔符把数组元素放在一个字符串中，语法格式如下：

```
join(分隔符);
```

下面的示例 7 使用了 String 对象的 split()方法，将一个字符串分割成数组元素，然后使用 join()方法将数组元素放入一个字符串中，并使用符号“-”分隔数组元素，最后显示在页面中，代码如示例 7 所示。

示例 7

```
<html>
<head>
<title>数组方法的应用</title>
<script type="text/javascript">
<!--
    var fruit= "apple, orange, peach,banana";
    var arrList=fruit.split(",");
    var str=arrList.join("-");
    document.write("分割前： "+fruit+"<br/>");
    document.write("使用\"-\"重新连接后"+str);
-->
</script>
</head>
<body>
</body>
</html>
```

示例 7 的运行结果如图 2.23 所示。

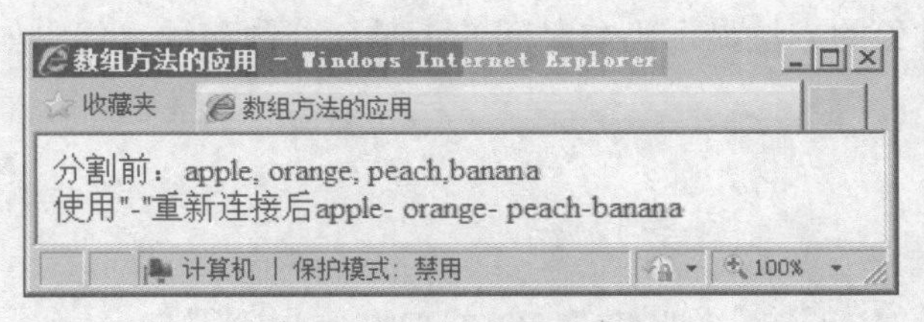

图 2.23　分割数组与连接字符串

其他方法可以通过网络在线帮助文档了解其用法，这里不再举例。

6.2　Date 对象

下面将介绍 Date 对象。

JavaScript 中创建一个 Date 实例，语法格式如下：

```
var 日期实例 = new Date(参数);
```

其中：

- 日期实例是存储 Date 对象的变量。可以省略参数，如果没有参数，则表示当前日期和时间，例如：

```
var today = new Date();      //将当前日期和时间存储在变量 today 中
```

- 参数是字符串格式“MM DD, YYYY, hh:mm:ss”，表示日期和时间，例如：

```
var date = new Date("July 15, 2013, 16:34:28");
```

Date 对象有大量用于设置、获取和操作日期的方法，从而实现在页面中显示不同类型的日期时间。其中常用的是获取日期的方法，如表 2-11 所示。

表 2-11　Date 对象的常用方法

方法	说明
getDate()	返回 Date 对象的一个月中的每一天，其值为 1～31
getDay()	返回 Date 对象的星期中的每一天，其值为 0～6
getHours()	返回 Date 对象的小时数，其值为 0～23
getMinutes()	返回 Date 对象的分钟数，其值为 0～59
getSeconds()	返回 Date 对象的秒数，其值为 0～59
getMonth()	返回 Date 对象的月份，其值为 0～11
getFullYear()	返回 Date 对象的年份，其值为 4 位数
getTime()	返回自某一时刻（1970 年 1 月 1 日）以来的毫秒数

其中：

- getFullYear()返回 4 位数的年份，getYear()返回 2 位或 4 位的年份，常用于获取年份 getFullYear()。
- 获取星期几使用 getDay()：0 表示周日，1 表示周一，6 表示周六。
- 各部分时间表示的范围：除号数（一个月中的每一天）外，其他均从 0 开始计数。例如，月份 0～11，0 表示 1 月份，11 表示 12 月份。

下面使用 Date 对象的方法显示当前时间的小时、分钟和秒，代码如示例 8 所示。

示例 8

```
<html>
<head>
<meta http-equiv="Content-Type" content="text/html; charset=gb2312" />
<title>时钟特效</title>
<script type="text/javascript">
function disptime(){
    var today = new Date();        //获得当前时间
    /*获得小时、分钟、秒*/
    var hh = today.getHours();
    var mm = today.getMinutes();
    var ss = today.getSeconds();
    /*设置 div 的内容为当前时间*/
        document.getElementById("myclock").innerHTML="<h1>现在是："
                +hh+":"+mm+": "+ss+" </h1>";
}
</script>
</head>
<body onload="disptime()">
<div id="myclock"></div>
</body>
</html>
```

在示例 8 中，使用 Date 对象的 getHours()方法、getMinutes()方法和 getSeconds()方法获取当前时间的小时、分钟和秒，通过 innerHTML 属性将时间显示在 id 为 myclock 的 div 元素中。运行结果如图 2.24 所示。

图 2.24 显示当前时间

6.3 Math 对象

Math 对象提供了许多与数学相关的功能，它是 JavaScript 的一个全局对象，不需要创建，直接作为对象使用就可以调用其属性和方法。Math 对象常用方法如表 2-12 所示。

表 2-12 Math 对象的常用方法

方法	说明	示例
ceil()	对数进行上舍入	Math.ceil(25.5);返回 26 Math.ceil(-25.5);返回-25
floor()	对数进行下舍入	Math.floor(25.5);返回 25 Math.floor(-25.5);返回-26
round()	把数四舍五入为最接近的数	Math.round(25.5);返回 26 Math.round(-25.5);返回-26
random()	返回 0～1 中的随机数	Math.random();例如，0.6273608814137365

random()方法返回的随机数不包括 0 和 1，且都是小数，如果想选择一个 1～100 中的整数（包括 1 和 100），则代码如下所示：

```
var iNum=Math.floor(Math.random()*100+1);
```

如果希望返回的整数为 2～99，只有 98 个数字，第一个值为 2，则代码应该如下所示。

```
var iNum=Math.floor(Math.random()*98+2);
```

7 定时函数

在示例 8 中，时间是静止的，不能动态更新。若要像电子表一样不停地动态改变时间，则需要使用将要学习的定时函数。

JavaScript 中提供了两个定时函数：setTimeout()和 setInterval()。此外，还提供了用于清除 timeout 的两个函数：clearTimeout()和 clearInterval()。

7.1 setTimeout()

setTimeout()用于在指定的毫秒后调用函数或计算表达式。语法格式如下：

```
setTimeout("调用的函数名称",等待的毫秒数)
```

下面使用 setTimeout()函数实现 3 秒后弹出对话框，代码如下所示：

```
<html>
<head>
<meta http-equiv="Content-Type" content="text/html; charset=gb2312" />
<title>定时函数应用</title>
<script type="text/javascript">
function timer(){
    var t=setTimeout("alert('3 seconds')",3000);
}
</script>
</head>
<body>
<form action="" method="post">
<input name="s" type="button" value="显示消息框" onclick="timer()" />
</form>
</body>
</html>
```

说明：

- 3000 表示 3000 毫秒，即 3 秒。
- 单击按钮调用 timer()函数时，弹出一个警示对话框，由于使用了 setTimeout()函数，因此调用函数 timer()后，需要等待 3 秒，才能弹出警示对话框。

在浏览器中运行并单击“显示消息框”按钮，等待 3 秒后，弹出如图 2.25 所示的警示对话框。

图 2.25　警示对话框

7.2 setInterval()

setInterval()可按照指定的周期（以毫秒计）来调用函数或计算表达式。语法格式如下：

```
setInterval("调用的函数名称",周期性调用函数之间间隔的毫秒数)
```

setInterval()会不停地调用函数，直到窗口被关闭或被其他方法强制停止。修改上面的示例代码，将 setTimeout()函数改为使用 setInterval()函数，修改后的代码如下所示：

```
<!--省略部分 HTML 代码-->
<script type="text/Javascript">
function timer(){
    var t=setInterval("alert('3 seconds')",3000)
}
</script>
<!--省略部分 HTML 代码-->
```

在浏览器中重新运行上面的示例，单击“显示消息框”按钮，等待 3 秒后，弹出如图 2.25 所示的对话框。关闭此对话框后，间隔 3 秒后又会弹出此对话框，并且只要把弹出的警示对话框关闭，3 秒后就会再次弹出此警示对话框。

注意：setTimeout()只执行一次函数，如果要多次调用函数，则需要使用 setInterval()或者让被调用的函数再次调用 setTimeout()。

知道了 setInterval()函数的用法，现在将示例 8 改成时钟特效的效果，使时钟“动起来”，实现思路就是每过 1 秒都要重新获得当前时间并显示在页面上，修改后的代码如示例 9 所示。

示例 9

```
<html>
<head>
<meta http-equiv="Content-Type" content="text/html; charset=gb2312" />
<title>时钟特效</title>
<script type="text/javascript">
function disptime(){
    //获得当前时间
    var today = new Date();
    //获得小时、分钟、秒
    var hh = today.getHours();
    var mm = today.getMinutes();
    var ss = today.getSeconds();
    /*设置 div 的内容为当前时间*/
    document.getElementById("myclock").innerHTML="现在是：<h1>"+hh
        +":"+mm+": "+ss+"</h1>";
}
/*使用 setInterval()每间隔指定毫秒后调用 disptime()*/
var myTime = setInterval("disptime()",1000);
</script>
</head>
<body>
<div id="myclock"></div>
</body>
</html>
```

在浏览器中运行此示例 9，时钟已经“动起来”了，达到了真正的时钟特效。

7.3 clearTimeout()和 clearInterval()

clearTimeout()函数用来清除由 setTimeout()函数设置的 timeout，语法格式如下：

```
clearTimeout(setTimeout()返回的 ID 值);
```

clearInterval()函数用来清除由 setInterval()函数设置的 timeout，语法格式如下：

```
clearInterval(setInterval()返回的 ID 值);
```

现在将示例 9 实现的效果加一个需求，即通过单击按钮停止时钟特效，代码修改如示例 10 所示：

示例 10

```
<!--省略部分 HTML 和 JavaScript 代码-->
var myTime = setInterval("disptime()",1000);
</script>
</head>
<body>
<div id="myclock"></div>
<input type="button" onclick="javascript:clearInterval(myTime)" value="停止">
</body>
<!--省略部分 HTML 代码-->
```

操作案例 3：变化的时钟

需求描述

制作显示年、月、日、星期、时间，并且显示时钟的页面。具体要求如下：

- 电子表一样不停地动态改变时间。
- 单击按钮停止时钟特效。

完成效果

运行效果如图 2.26 所示。

图 2.26 变化的时钟

技能要点

- Array 对象的使用。
- Date 对象的使用。

- setInterval()方法的使用。

关键代码

将星期转换成中文的关键代码如下：

创建数组：

```
week =new Array("星期日","星期一","星期二","星期三","星期四","星期五","星期六");
```

利用 week[date.getDay()]取得星期的中文。

本章总结

- 了解 window、history、location、document 对象。
- 通过 Date 对象获得当前系统的日期、时间。
- 定时函数：setTimeout()和 setInterval()。
- 创建数组、为数组元素赋值以及访问数组元素。

本章作业

1．简述 prompt()、alert()和 confirm()三者的区别，并举例说明。

2．setTimeout()和 setInterval()在用法上有什么区别？

3．模拟电脑病毒效果，当打开一个页面时，会不停地弹出窗口（页面效果等见提供的电子素材），如图 2.27 所示。

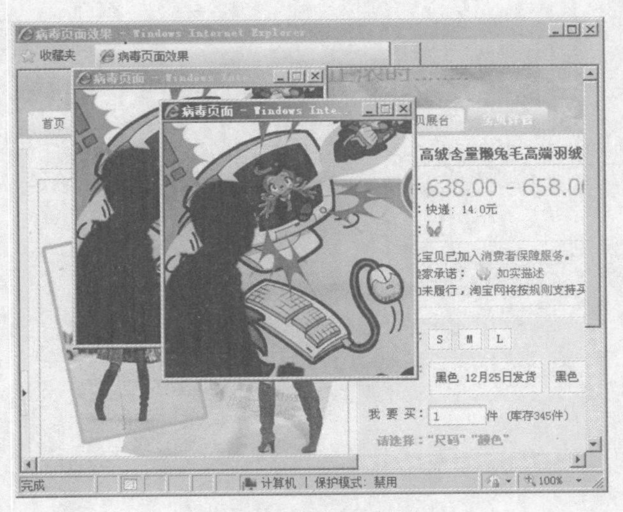

图 2.27　病毒页面效果

4．根据 Date()对象获取当前的日期和时间，根据不同时间显示不同的问候语，要求如下：

- 如果当前时间小于 12 点（含），则显示“上午好”。
- 如果当前时间大于 12 点，小于 18 点（含），则显示“下午好”。
- 如果当前时间大于 18 点，则显示“晚上好”。

运行效果如图 2.28 所示。

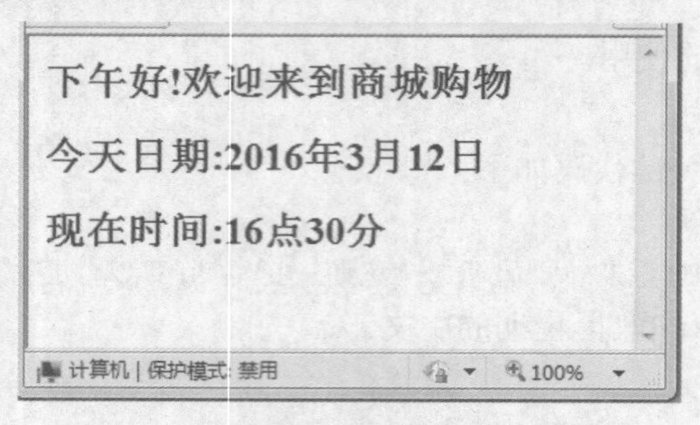

图 2.28　根据时间显示不同问候语

5．模拟随机发放水果功能，水果品种固定，每次只发放一种，运行效果如图 2.29 所示。技能提示如下：

- 使用数组存储水果名称。
- 使用 random()随机得到数组索引值，范围是 0～数组长度-1。

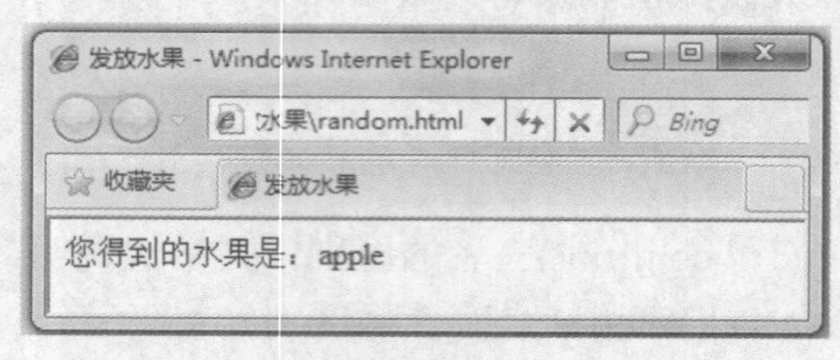

图 2.29　随机发放水果

6．请登录课工场，按要求完成预习作业。

第 3 章

jQuery 基础

本章技能目标

- 掌握 jQuery 的基本语法
- 会使用 jQuery 实现简单特效
- 掌握 for 循环语句的用法
- 掌握 while 循环语句的用法

本章简介

自 Web 2.0 兴起以来，越来越多的人开始重视人机交互，改善网站的用户体验也被越来越多的企业、团体提上日程。以构建交互式网站、改善用户体验著称的主流脚本语言 JavaScript 从而受到人们的追捧，一系列 JavaScript 程序库也随之蓬勃发展起来，它们各有所长，日渐呈现百家争鸣之势。从早期的 Prototype、Dojo 到之后的 jQuery、ExtJS，互联网中正在掀起一场热烈的 JavaScript 风暴，而 jQuery 以其简约、优雅的风格，始终位于这场风暴的中心，得到了越来越多的赞誉与推崇。

通过本章的学习，将对 jQuery 的概念、jQuery 与 JavaScript 的关系和 jQuery 程序的基本结构有一个感性的认识，能够开发出自己的第一个 jQuery 程序，制作一些简单且常见的交互效果。

1 jQuery 简介

什么是 jQuery？在正式介绍 jQuery 之前，有必要了解一下为什么选择 jQuery。

1.1 为什么选择 jQuery

众所周知，jQuery 是 JavaScript 的程序库之一，它是 JavaScript 对象和实用函数的封装。为什么要选择 jQuery 呢？

首先看看如图 3.1 所示的隔行变色的表格。

序号	订单号	商品名称	价格
1	10045900	Niket透气减震运动鞋	299元
2	10045926	天意美鱼嘴女单鞋	189元
3	10045933	海贼王船模型	19.5元
4	10045300	福尔摩斯探案大全集	22.5元

图 3.1　隔行变色的表格

该表格的效果使用 JavaScript 与 jQuery 均能实现，两者在实现上到底有什么区别呢？下面就分别使用 JavaScript 和 jQuery 实现隔行变色表格效果，再做对比。

使用 JavaScript 实现如图 3.1 所示的效果，代码如下所示：

```
<script type="text/javascript">
window.onload = function() {                          //加载 HTML 文档
    var trs = document.getElementsByTagName("tr");    //获取行对象集合
    for(var i = 0; i <= trs.length; i++) {            //遍历所有行
        if(i % 2 == 0) {                              //判断奇偶行
            var obj = trs[i];                         //根据序号获取行对象
            obj.style.backgroundColor = "#ccc";       //为所获取的行对象添加背景颜色
        }
    }
}
</script>
```

使用 jQuery 实现如图 3.1 所示的效果，代码如下所示：

```
<script src="js/jquery-1.8.3.js" type="text/javascript"></script> /*引入 jQuery 库文件*/
<script type="text/javascript">
$(document).ready(function() {                                //加载 HTML 文档
    $("tr:even").css("background-color","#ccc");              //为表格的偶数行添加背景颜色
});
</script>
```

比较以上两段代码不难发现，使用 jQuery 制作交互特效的语法更为简单，代码量大大减少了。

此外，使用 jQuery 与单纯使用 JavaScript 相比最大的优势是能使页面在各浏览器中保持统

一的显示效果，即不存在浏览器兼容性问题。例如，使用 JavaScript 获取 id 为“title”的元素，在 IE 中，可以使用 eval("title")或 getElementById("title")来获取该元素。如果使用 eval("title")获取元素，则在 Firefox 浏览器中将不能正常显示，因为在 Firefox 浏览器中，只支持使用 getElementById("title")获取 id 为“title”的元素。

由于各浏览器对 JavaScript 的解析方式不同，因此在使用 JavaScript 编写代码时，就需要分 IE 和非 IE 两种情况来考虑，以保证各个浏览器中的显示效果一致。这对一些开发经验尚浅的人员来说，难度非常大，一旦考虑不周全，就会导致用户使用网站时的体验性变差，从而流失部分潜在客户。

其次，JavaScript 是一种面向 Web 的脚本语言。大部分网站都使用了 JavaScript，并且现有浏览器（基于桌面系统、平板电脑、智能手机和游戏机的浏览器）都包含了 JavaScript 解释器。它的出现使得网页与用户之间实现了实时、动态的交互，使网页包含了更多活泼的元素，使用户的操作变得更加简单便捷。而 JavaScript 本身存在两个弊端：一个是复杂的文档对象模型，另一个是不一致的浏览器实现。

基于以上背景，为了简化 JavaScript 开发，解决浏览器之间的兼容性问题，一些 JavaScript 程序库随之诞生，JavaScript 程序库又称为 JavaScript 库。JavaScript 库封装了很多预定义的对象和实用函数，能够帮助开发人员轻松地搭建具有高难度交互的客户端页面，并且完美地兼容各大浏览器。目前流行的 JavaScript 库如表 3-1 所示。

表 3-1　目前流行的 JavaScript 库

LOGO	名称
prototype	Prototype
dojo	Dojo
Ext JS	Ext JS
jQuery write less, do more.	jQuery
yui	YUI
mootools	MooTools

由于各个 JavaScript 库都各有其优缺点，同时也各自拥有支持者和反对者。从图 3.2 所示的较为流行的几个 JavaScript 库的 Google 访问量趋势中可以明显看出：自从 jQuery 诞生开始，它的关注度就一直处于稳步上升状态。jQuery 在经历了若干次版本更新后，逐渐从 JavaScript 库中脱颖而出，成为 Web 开发人员的最佳选择。

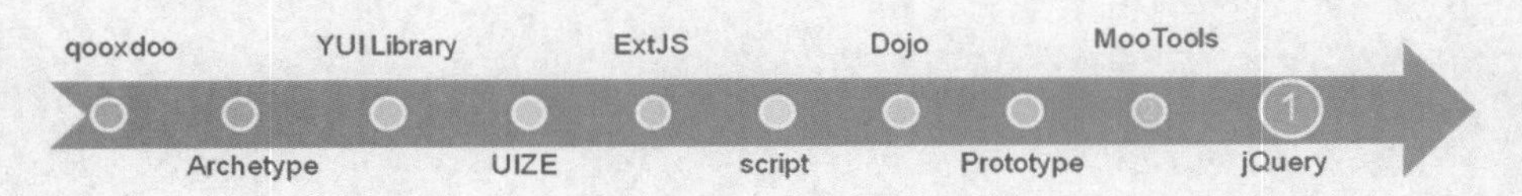

图 3.2　各种 JavaScript 库的 Google 访问量排名图

1.2 什么是 jQuery

通过前面的介绍，相信大家已经十分清楚选择 jQuery 的原因了，下面将从 jQuery 的简介、用途和优势 3 个方面来认识 jQuery。

1.2.1 jQuery 简介

jQuery 是继 Prototype 之后又一个优秀的 JavaScript 库，是由美国人 John Resig 于 2006 年创建的开源项目。目前 jQuery 团队主要包括核心库、UI、插件和 jQuery Mobile 等开发人员及推广人员、网站设计人员、维护人员。随着人们对它的日渐熟知，越来越多的程序高手加入其中，完善并壮大其项目内容，这促使 jQuery 逐步发展成为如今集 JavaScript、CSS、DOM 和 Ajax 于一体的强大的框架体系。

作为 JavaScript 的程序库，jQuery 凭借简洁的语法和跨浏览器的兼容性，极大地简化了遍历 HTML 文档、操作 DOM、处理事件、执行动画和开发 Ajax 的代码，从而广泛应用于 Web 应用开发，如导航菜单、轮播广告、网页换肤和表单校验等方面。其简约、雅致的代码风格，改变了 JavaScript 程序员的设计思路和编写程序的方式。

总之，无论是网页设计师、后台开发者、业余爱好者，还是项目管理者；无论是 JavaScript “菜鸟”，还是 JavaScript “大侠”，都有足够的理由学习 jQuery。

1.2.2 jQuery 的用途

jQuery 是 JavaScript 的程序库之一，因此，许多使用 JavaScript 能实现的交互特效，使用 jQuery 都能完美地实现，下面就从以下 5 个方面来简单介绍一下 jQuery 的应用场合。

（1）访问和操作 DOM 元素。

使用 jQuery 可以很方便地获取和修改页面中的指定元素，无论是删除、移动还是复制某元素，jQuery 都提供了一整套方便、快捷的方法，既减少了代码的编写，又大大提高了用户对页面的体验度，如添加、删除商品，留言、个人信息等。图 3.3 展示的是在腾讯 QQ 空间中删除“说说”信息，该功能就用到了 jQuery。

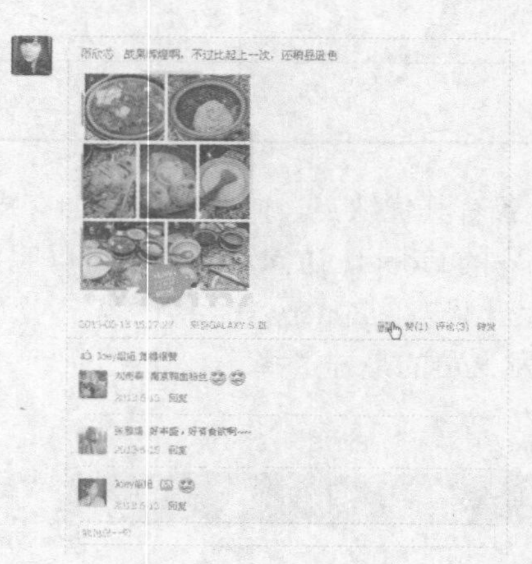

图 3.3 在 QQ 空间中删除“说说”信息

（2）控制页面样式。

通过引入 jQuery，程序开发人员可以很便捷地控制页面的 CSS 文件。浏览器对页面文件的兼容性，一直以来都是页面开发者最为头痛的事情，而使用 jQuery 操作页面的样式可以很好地兼容各种浏览器。最典型的有微博、博客、邮箱等的换肤功能。图 3.4 所示的网易邮箱的换肤功能也是基于 jQuery 实现的。

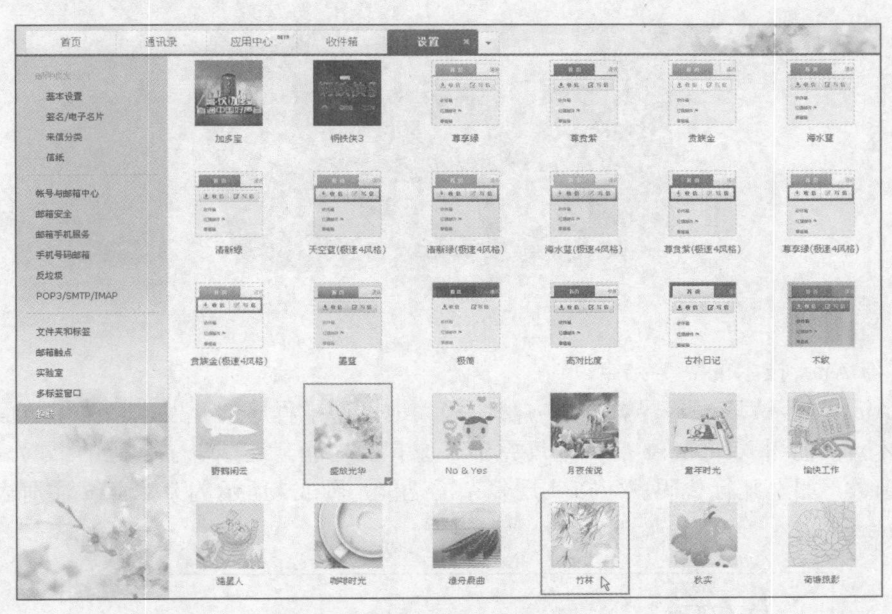

图 3.4　网易邮箱换肤功能

（3）对页面事件的处理。

引入 jQuery 后，可以使页面的表现层与功能开发分离，开发者更多地专注于程序的逻辑与功效；页面设计者侧重于页面的优化与用户体验。通过事件绑定机制，可以很轻松地实现两者的结合。图 3.5 所示的“去哪儿”网的搜索模块的交互效果，就应用了 jQuery 对鼠标事件的处理。

图 3.5　“去哪儿”网的搜索模块

（4）方便地使用 jQuery 插件。

引入 jQuery 后，可以使用大量的 jQuery 插件来完善页面的功能和效果。如 jQuery UI 插件库、Form 插件、Validate 插件等，这些插件的使用极大地丰富了页面的展示效果，使原来使用 JavaScript 代码实现起来非常困难的功能通过 jQuery 插件可轻松地实现。图 3.6 所示的 3D 幻灯片就是由 jQuery 的 Slicebox 插件实现的。

图 3.6　3D 幻灯片

（5）与 Ajax 技术的完美结合。

利用 Ajax 异步读取服务器数据的方法，极大地方便了程序的开发，增强了页面交互，提升了用户体验；而引入 jQuery 后，不仅完善了原有的功能，还减少了代码的书写，通过其内部对象或函数，加上几行代码就可以实现复杂的功能。图 3.7 所示的京东商城注册表单校验就用到了 jQuery。

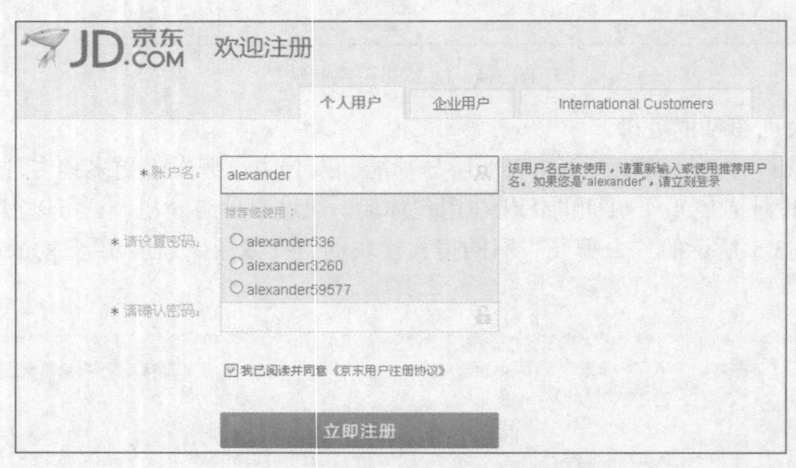

图 3.7　京东商城注册表单校验

1.2.3　jQuery 的优势

jQuery 的主旨是“write less，do more”（以更少的代码，实现更多的功能）。jQuery 独特的选择器、链式操作、事件处理机制和封装，以及完善的 Ajax 都是其他 JavaScript 库望尘莫及的。总体来说，jQuery 主要有以下优势：

- 轻量级。jQuery 的体积较小，压缩之后，大约只有 100KB。
- 强大的选择器。jQuery 支持几乎所有的 CSS 选择器，以及 jQuery 自定义的特有选择器。由于 jQuery 具有支持选择器这一特性，使得具备一定 CSS 经验的开发人员学习 jQuery 更加容易。

- 出色的 DOM 封装。jQuery 封装了大量常用的 DOM 操作，使开发者在编写 DOM 操作相关程序的时候能够更加得心应手。jQuery 能够轻松地完成各种使用 JavaScript 编写时非常复杂的操作，即使 JavaScript 新手也能编写出出色的程序。
- 可靠的事件处理机制。jQuery 的事件处理机制吸收了 JavaScript 中的事件处理函数的精华，使得 jQuery 在处理事件绑定时非常可靠。
- 出色的浏览器兼容性。作为一个流行的 JavaScript 库，解决浏览器之间的兼容性是必备的条件之一。jQuery 能够同时兼容 IE 6.0+、Firefox 3.6+、Safari 5.0+、Opera 和 Chrome 等多种浏览器，使显示效果在各浏览器之间没有差异。
- 隐式迭代。当使用 jQuery 查找到相同名称（类名、标签名等）的元素后隐藏它们时，无须循环遍历每一个返回的元素，它会自动操作所匹配的对象集合，而不是单独的对象，这一举措使得大量的循环结构变得不再必要，从而大幅地减少了代码量。
- 丰富的插件支持。jQuery 的易扩展性，吸引了来自全球的开发者来编写 jQuery 的扩展插件。目前已经有成百上千的官方插件支持，而且不断有新插件面世。

通过以上对 jQuery 的介绍，大家是不是想要一试为快了呢？下面就进入开启 jQuery 魔法盒子的第一步——配置 jQuery 环境。

1.3 配置 jQuery 环境

接下来我们看一下如何配置 jQuery 的使用环境。

1.3.1 获取 jQuery 的最新版本

进入 jQuery 的官方网站（http://jquery.com）。在页面右侧的 Download jQuery 区域，下载最新版的 jQuery 库文件，如图 3.8 所示。

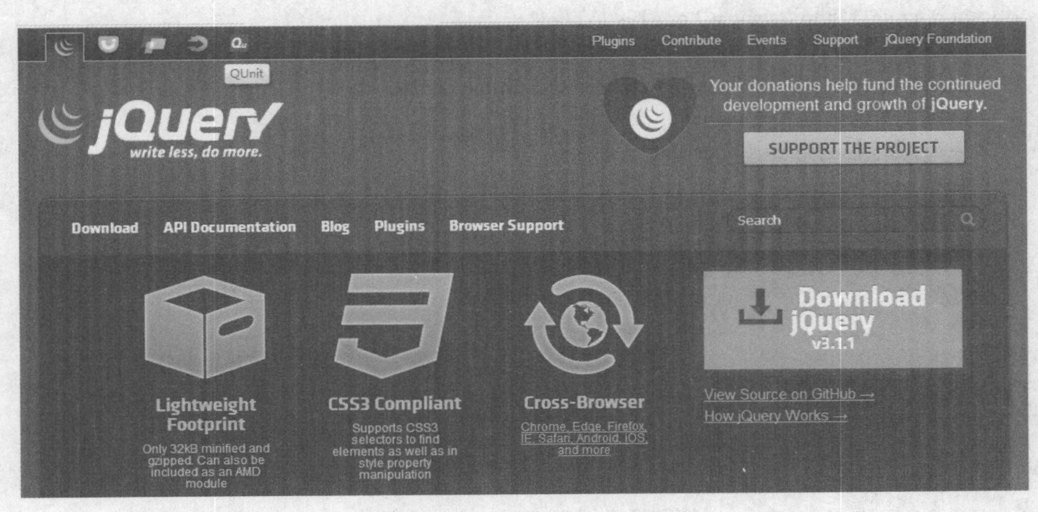

图 3.8 jQuery 官方网站下载页面

这里需要说明的是，jQuery 库的文件版本更新较快，只需记住下载时登录 jQuery 官方网站地址，单击“Download jQuery”按钮，进入下载列表即可。

1.3.2 jQuery 库类型说明

jQuery 库的类型分为两种，分别是开发版（未压缩版）和发布版（压缩版），它们的区别如表 3-2 所示。

表 3-2 jQuery 库的类型对比

名称	大小	说明
jquery-1.版本号.js（开发版）	约 268KB	完整无压缩版本，主要用于测试、学习和开发
jquery-1.版本号.min.js（发布版）	约 91KB	经过工具压缩或经过服务器开启 GZIP 压缩，主要应用于发布的产品和项目

在本课程中，采用的版本是 jQuery V1.8.3，相关的开发版和发布版 jQuery 库为 jquery-1.8.3.js 和 jquery-1.8.3.min.js。

1.3.3 jQuery 环境配置

jQuery 不需要安装，把下载的 jquery.js 放到网站上一个公共的位置，想要在某个页面上使用 jQuery 时，只需要在相关的 HTML 文档中引入该库文件的位置即可。

1.3.4 在页面中引入 jQuery

将 jquery-1.8.3.js 放在目录 js 下，为了方便调试，在所提供的 jQuery 例子中引用时使用的是相对路径。在实际项目中，可以根据实际需要调整 jQuery 库的路径。

在编写的页面代码的<head>标签内引入 jQuery 库后，就可以使用 jQuery 库了，程序如下：

```
<!DOCTYPE html PUBLIC "-//W3C//DTD XHTML 1.0 Transitional//EN"
    "http://www.w3.org/TR/xhtml1/DTD/xhtml1-transitional.dtd">
    <html xmlns="http://www.w3.org/1999/xhtml">
    <head>
    <meta http-equiv="Content-Type" content="text/html; charset=utf-8" />
    <title>在页面中引入 jQuery 库文件</title>
    <!--在 head 标签中引入 jQuery 库文件-->
    <script src="js/jquery-1.8.3.js" type="text/javascript"></script>
    </head>
    <body>
    </body>
</html>
```

2 DOM 高级编程

在进行 jQuery 后续学习中，必须首先了解一下 DOM 编程相关的内容。在第一章中，我们已经知道 DOM 是 JavaScript 的重要组成部分之一。这节内容就来学习 DOM 编程。

2.1 什么是 DOM

DOM 是 Document Object Model（文档对象模型）的简称，是 HTML 文档对象模型（HTML DOM）定义的一套标准方法，用来访问和操纵 HTML 文档。1998 年，W3C 发布了第一级的 DOM 规范，这个规范允许访问和操作 HTML 页面中的每一个单独元素，例如网页的表格、图片、文本、表单元素等，大部分主流的浏览器都执行了这个标准，因此 DOM 的兼容性问题也几乎难觅踪影了。

如果要对 HTML 文档中的元素进行访问、添加、删除、移动或重排页面上的元素，JavaScript 就需要对 HTML 文档中所有元素的方法和属性进行改变，这些都是通过文档对象模型（DOM）来获得的。

DOM 是以树状结构组织 HTML 文档的，根据 DOM，HTML 文档中每个标签或元素都是一个节点，DOM 是这样规定的：

- 整个文档是一个文档节点。
- 每个 HTML 标签都是一个元素节点。
- 包含在 HTML 元素中的文本是文本节点。
- 每一个 HTML 属性都是一个属性节点。
- 注释属于注释节点。

一个 HTML 文档是由各个不同的节点组成的，请看下面的 HTML 文档。

```
<html>
<head>
<title>DOM 节点</title>
</head>
<body>
<a href="fruit.html">我的链接</a>
<h1>我的标题</h1>
<p>DOM 应用</p>
</body>
</html>
```

上面的文档由<html>、<head>、<title>、<body>、<h1>、<p>及文本节点组成，这些节点都存在着关系，例如<head>和<body>的父节点都是<html>，文本节点“DOM 应用”的父节点是<p>节点，它们之间的关系如图 3.9 所示。

在一个文档中，大部分元素节点都有子节点，例如，<head>节点有一个子节点<title>，而<title>也有一个子节点，即文本节点“DOM 节点”。当几个节点分享同一个父节点时，它们就是同辈，即它们是兄弟节点，例如<a>、<h1>和<p>就是兄弟节点，它们的父节点均为<body>节点。

当网页被加载时，浏览器会自动创建页面的文档对象模型（DOM），也就构造出了文档对象树，通过可编程的对象模型，JavaScript 就可以动态地控制或者说操作创建 HTML 文档，这样实际上就是赋予了 JavaScript 如下的能力：

- 改变页面中的 HTML 元素。
- 改变页面中的 HTML 属性。
- 改变页面中的 CSS 样式。
- 对页面中的事件做出反应。

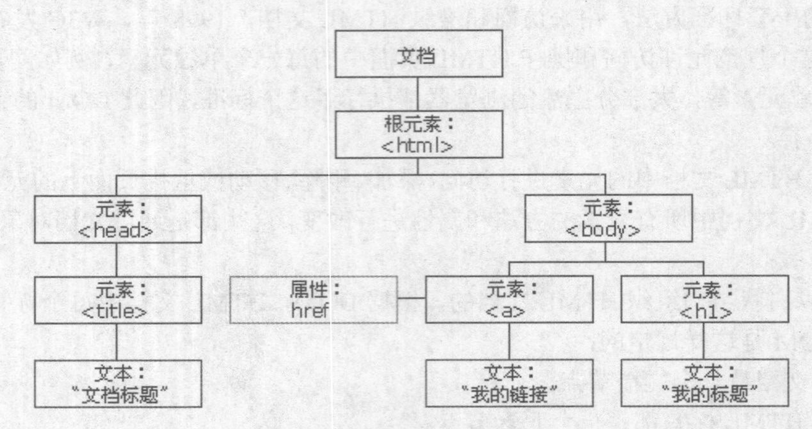

图 3.9　文档节点结构图

简单来讲就是，DOM 可被 JavaScript 用来读取、改变 HTML、XHTML 以及 XML 文档，因此 DOM 由三部分组成，分别是 Core DOM、XML DOM 和 HTML DOM。其中：

- Core DOM：也称核心 DOM 编程，定义了一套标准的针对任何结构化文档的对象，包括 HTML、XHTML 和 XML。
- XML DOM：定义了一套标准的针对 XML 文档的对象。
- HTML DOM：定义了一套标准的针对 HTML 文档的对象。

这里我们主要学习通用的核心 DOM 编程以及针对 HTML 文档的 DOM 编程。

2.2　动态改变 HTML 文档结构

使用 DOM 操作 HTML 文档的节点，包括查看节点、创建或增加一个节点、删除或者替换文档中的节点，通过这几种操作可以动态地改变 HTML 文档的内容，下面首先学习如何查看文档节点。

2.2.1　查找 HTML 节点元素

查找节点元素是所有操作中最基本的要求，因为必须要先找到这个节点元素，然后才能开始操纵它。通常通过三种方式进行节点元素的查找：

- 通过 id 方式查找 HTML 元素。
- 通过标签名查找 HTML 元素。
- 通过类名查找 HTML 元素。

无论是哪种方式查找节点，基本都是通过 getElement 系列方法访问指定节点的。其中通过类名查找的方式在很多浏览器的版本中已经失效，这里不再进行介绍。此处只选择常用的进行介绍。

在 HTML 文档中，访问节点的标准方法是 getElementById()、getElementsByName()和 getElementsByTagName()，只是它们查找的方法略有不同。其中：

- getElementById()：是 HTML DOM 提供的查找方法，它是按 id 属性进行查找的。
- getElementsByName()：是 HTML DOM 提供的查找方法，它是按 name 属性进行查找的，由于一个文档中可能会有多个同名节点（如复选框、单选按钮），所以返回的是元素数组。
- getElementsByTagName()：是 Core DOM 提供的查找方法，它是按标签名 TagName 进行查找的，由于一个文档中可能会有多个同类型的标签节点（如图片组、文本输入框），所以返回元素数组。

如果我们想动态地改变文档中某些元素的属性，例如，改变一个图片的路径，使之动态地在页面中显示另一个图片，或者是改变一个节点中的文本、超链接等，该如何实现呢？DOM 提供了获取及改变节点属性值的标准方法，分别为：

- getAttribute("属性名")：用来获取属性的值。
- setAttribute("属性名","属性值")：用来设置属性的值。

下面我们使用访问节点的几种方法，并且结合 getAttribute()和 setAttribute()这两种方法来读取、设置属性的值，动态地改变页面的内容。

示例 1

```
//省略部分 HTML 代码
<script type="text/javascript">
function hh(){
    var hText=document.getElementById("fruit").getAttribute("src");
    alert("图片的路径是:"+hText)
}
function check(){
    var favor=document.getElementsByName("enjoy");
    var like="你喜欢的水果是：";
    for(var i=0;i<favor.length;i++){
        if(favor[i].checked==true){
            like+="\n"+favor[i].getAttribute("value");
        }
    }
    alert(like);
}
function change(){
    var imgs=document.getElementsByTagName("img");
    imgs[0].setAttribute("src","images/grape.jpg");
}
</script>
</head>
<body>
<img src="images/fruit.jpg" alt="水果图片" id="fruit" />
<h1 id="love">选择你喜欢的水果:</h1>
```

```
<input name="enjoy" type="checkbox" value="apple" />苹果
<input name="enjoy" type="checkbox" value="banana" />香蕉
<input name="enjoy" type="checkbox" value="grape" />葡萄
<input name="enjoy" type="checkbox" value="pear" />梨
<input name="enjoy" type="checkbox" value="watermelon" />西瓜
<br />
<input name="btn" type="button" value="显示图片路径" onclick="hh()" />
<br /><input name="btn" type="button" value="喜欢的水果" onclick="check()" />
<br /><input name="btn" type="button" value="改变图片" onclick="change()" />
</body>
```

在浏览器中运行示例 1，页面效果如图 3.10 所示，页面中有一幅图片、一个<h1>标签、五个同名复选框和三个按钮。

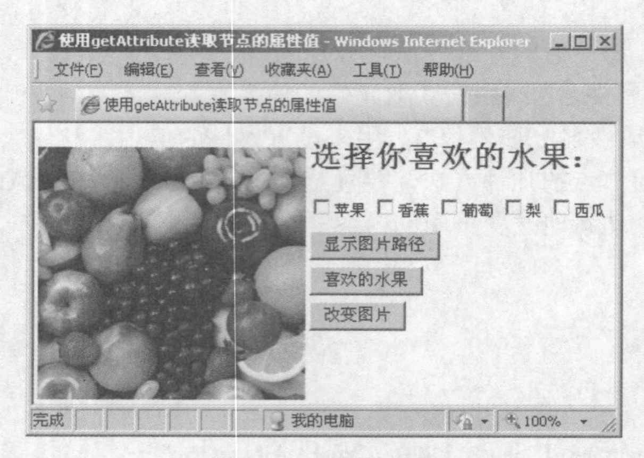

图 3.10　页面效果图

单击“显示图片路径”按钮，使用 getElementById()方法直接访问图片，且使用 getAttribute()方法通过路径属性“src”读取到图片的路径，最后应用 alert()方法显示出来，如图 3.11 所示。单击“喜欢的水果”按钮，使用 getElementsByName()读取同名复选框，然后按读取数组的方式依次使用 getAttribute()属性读取复选框的属性“value”，来显示复选框的值，例如，当选取苹果、葡萄和西瓜时，显示如图 3.12 所示的提示框。

图 3.11　显示图片路径

图 3.12　显示喜欢的水果

“改变图片”按钮的功能是动态地改变页面的图片，使页面显示另一个图片。首先使用 getElementsByTagName()方法获取页面中的所有图片，返回一个图片数组，由于本页只有一个图片，因此直接读取第一个图片，然后使用 setAttribute()方法改变图片路径属性“src”的值，改变后的页面如图 3.13 所示。

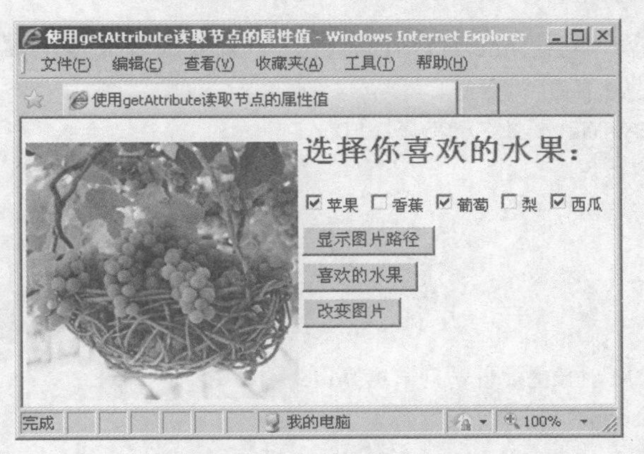

图 3.13　图片改变后的页面效果图

2.2.2　改变 HTML 内容及属性

改变 HTML 的内容，这里只介绍一种方法，就是使用 innerHTML 属性。语法如下：

```
document.getElementById(id).innerHTML="新内容";
```

先来看一个简单的例子。

示例 2

```
<!DOCTYPE html>
<html>
<head lang="en">
</head>
<body>
<p id="p1">我的主页面</p>
<script type="text/javascript">
    document.getElementById("p1").innerHTML="我的测试";
</script>
</body>
</html>
```

示例 2 网页运行后，首先显示的页面效果如图 3.14 所示，执行 JavaScript 后，效果如图 3.15 所示。

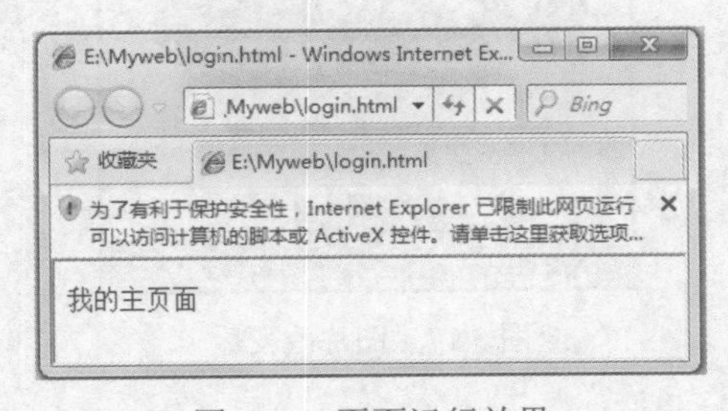

图 3.14　页面运行效果

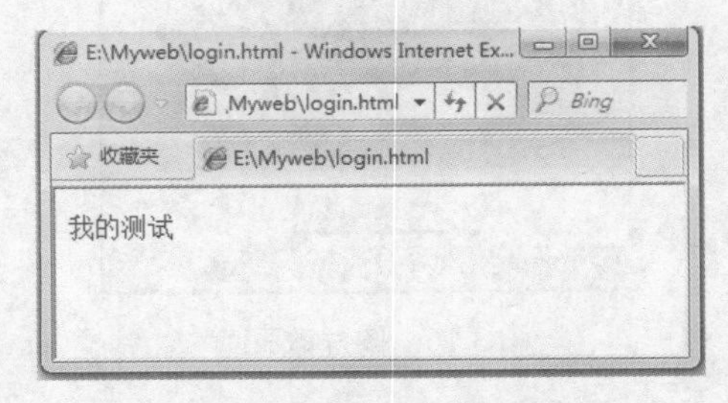

图 3.15　页面内容改变

通过 innerHTML 属性，改变了 id 为 p1 的<p>标签的内容，由“我的主页面”变成了“我的测试”。

改变 HTML 的内容，使用 innerHTML 属性，如果要改变元素的属性，则使用元素的属性直接赋新值即可，语法如下：

```
document.getElementById(id).属性名="新属性值";
```

先来看示例 3。

示例 3

```
<html>
<head>
<title>使用 HTML DOM 对象的属性访问节点</title>
<script type="text/javascript">
function change(){
    var imgs=document.getElementById("s1");
    imgs.src="images/grape.jpg";
}
</script>
</head>
<body>
<img src="images/fruit.jpg" id="s1" alt="水果图片" /><br />
<input name="b1" type="button" value="改变图片" onclick="change()" />
</body>
</html>
```

示例 3 中，在改变图片路径的函数 change()中，通过 getElementById()访问图片节点，即图片这个对象，然后直接使用 imgs.src="images/grape.jpg"来改变图片路径。运行效果就是单击图 3.16 中的按钮，图片由 fruit.jpg 变成了 grape.jpg，如图 3.17 所示。

图 3.16　图片改变前

图 3.17　图片改变后

这里需要说明的是，以下代码：

```
var imgs=document.getElementById("s1");
imgs.src="images/grape.jpg";
```

等同于：

```
document.getElementById("s1").src="images/grape.jpg";
```

2.2.3 改变 HTML CSS 样式

CSS 在页面中应用得非常频繁，使用这些样式可以实现页面中不同样式的特效，但是这些特效都是静态的，不能随着鼠标指针的移动或者键盘操作来动态地改变，使页面实现更炫的效果。例如，当鼠标指针放在如图 3.18 所示的图片上时，图片的边框加粗显示并且边框颜色变为橙色；当鼠标指针移出图片时，图片恢复原来的状态，这样当鼠标指针停在某个图片上时，可以突出显示当前的图片。

如图 3.18 所示的效果如何实现呢？其实我们可以使用已经学过的 getElement 系列方法访问页面的图片，并且改变元素的属性，那么如何根据鼠标指针的移进移出来动态地改变元素的样式属性呢？在 JavaScript 中，有两种方式可以动态地改变样式的属性，一种是使用样式的 style 属性，另一种是使用样式的 className 属性，下面主要介绍 style 属性的用法，关于 className 属性可自行搜索相关资料进行学习。

图 3.18　改变图片样式

在 HTML DOM 中，style 是一个对象，代表一个单独的样式声明，可从应用样式的文档或元素访问 style 对象，使用 style 属性改变样式的语法如下：

```
document.getElementById(id).style.样式属性="值";
```

假如在页面中有一个 id 为 titles 的 div，要改变 div 中的字体颜色为红色，字体大小为 13px，代码如下所示：

```
document.getElementById("titles").style.color="#ff0000";
document.getElementById("titles").style.font-size="13px ";
```

在浏览器中运行该页面后发现页面出现错误，通过程序调试发现改变字体大小的代码出现了错误，为什么？

在 JavaScript 中使用 CSS 样式与在 HTML 中使用 CSS 稍有不同，由于在 JavaScript 中 “-” 表示减号，因此如果样式属性名称中带有 “-” 号，要省去 “-”，并且 “-” 后的首字母要大写，因此例子中 font-size 对应的 style 对象的属性名称应为 fontSize。在 style 对象中有许多样式属性，但是常用的样式属性主要是背景、文本、边框等，如表 3-3 所示。

表 3-3　style 对象的常用属性

类别	属性	描述
background（背景）	backgroundColor	设置元素的背景颜色
	backgroundImage	设置元素的背景图像
	backgroundRepeat	设置是否及如何重复背景图像
text（文本）	fontSize	设置元素的字体大小
	fontWeight	设置字体的粗细
	textAlign	排列文本
	textDecoration	设置文本的修饰
	font	设置同一行字体的属性
	color	设置文本的颜色
padding（边距）	padding	设置元素的填充
	paddingTop paddingBottom paddingLeft paddingRight	设置元素的上、下、左、右填充
border（边框）	border	设置四个边框的属性
	borderTop borderBottom borderLeft borderRight	设置上、下、左、右边框的属性

使用这些样式可以动态地改变背景图片、字体的大小、颜色等。

2.3　DOM 对象

以上所学习的内容中，无论是改变 HTML 的内容属性，还是改变 CSS 样式，其实，我们都在操作 DOM 对象。

前面的学习中，我们已经了解在 JavaScript 中，使用 getElementsByTagName()或者 getElementById()来获取元素节点，其实，通过该方式得到的 DOM 元素就是 DOM 对象，DOM 对象可以使用 JavaScript 中的方法，总结起来就是如下代码所示：

```
var objDOM=document.getElementById("id");        //获得 DOM 对象
var objHTML=objDOM.innerHTML;                    //使用 JavaScript 中的 innerHTML 属性
```

3　jQuery 语法结构

有了 DOM 对象的概念，接下来我们就可以进一步 jQuery 的学习了。

3.1 第一个 jQuery 程序

首先，编写一个简单的 jQuery 程序，该程序需要实现：在页面完成加载时，弹出一个对话框，显示“我欲奔赴沙场征战 jQuery，势必攻克之！”，代码如示例 4 所示。

示例 4

```
<!DOCTYPE html PUBLIC "-//W3C//DTD XHTML 1.0 Transitional//EN"
    "http://www.w3.org/TR/xhtml1/DTD/xhtml1-transitional.dtd">
<html xmlns="http://www.w3.org/1999/xhtml">
<head>
<meta http-equiv="Content-Type" content="text/html; charset=utf-8" />
<title>第一个 jQuery 程序</title>
<script src="js/jquery-1.8.3.js" type="text/javascript"></script>
<script>
$(document).ready(function() {
 alert("我欲奔赴沙场征战 jQuery，势必攻克之！");
});
</script>
</head>
<body>
</body>
</html>
```

其运行结果如图 3.19 所示。

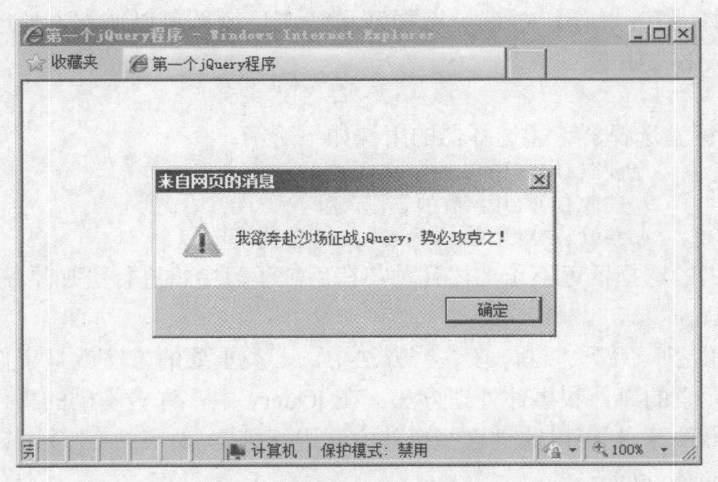

图 3.19　第一个 jQuery 程序

这段代码中$(document).ready()语句中的 ready()方法类似于传统 JavaScript 中的 onload()方法，它是 jQuery 中页面载入事件的方法。$(document).ready()与在 JavaScript 中的 window.onload 非常相似，它们都意味着在页面加载完成时，执行事件，即弹出如图 3.19 所示的提示对话框。例如，如下 jQuery 代码：

```
$(document).ready(function() {
```

```
    //执行代码
});
```

类似于如下 JavaScript 代码：

```
window.onload=function(){
    //执行代码
};
```

3.2 jQuery 语法结构

通过示例 4 中的语句$(document).ready(...);不难发现，这条 jQuery 语句主要包含三大部分：$()、document 和 ready()。这三大部分在 jQuery 中分别被称为工厂函数、选择器和方法，将其语法化后，结构如下：

```
$(selector).action();
```

（1）工厂函数$()。

在 jQuery 中，“$”美元符号等价于 jQuery，即$()=jQuery()。$()的作用是将 DOM 对象转化为 jQuery 对象，只有将 DOM 对象转化为 jQuery 对象后，才能使用 jQuery 的方法。如示例 4 中的 document 是一个 DOM 对象，当它使用$()函数包裹起来时，就变成了一个 jQuery 对象，它能使用 jQuery 中的 ready()方法，而不能再使用 DOM 对象的 getElementById()方法。

注意：当$()的参数是 DOM 对象时，该对象不需使用双引号包裹起来，如果获取的是 document 对象，则写作$(document)。

（2）选择器 selector。

jQuery 支持 CSS 1.0 到 CSS 3.0 规则中几乎所有的选择器，如标签选择器、类选择器、ID 选择器和后代选择器等，使用 jQuery 选择器和$()工厂函数可以非常方便地获取需要操作的 DOM 元素，语法格式如下：

```
$(selector)
```

ID 选择器、标签选择器、类选择器的用法如下所示：

```
$("#userName)          //获取 DOM 中 id 为 userName 的元素
$("div")               //获取 DOM 中所有的 div 元素
$(".textbox")          //获取 DOM 中 class 为 textbox 的元素
```

jQuery 中提供的选择器远不止上述几种，在后续学习中将进行更加系统的介绍。

（3）方法 action()。

jQuery 中提供了一系列方法。在这些方法中，一类重要的方法就是事件处理方法，主要用来绑定 DOM 元素的事件和事件处理方法。在 jQuery 中，许多基础的事件，如鼠标事件、键盘事件和表单事件等，都可以通过这些事件方法进行绑定，对应的在 jQuery 中则写作 click()、mouseover()和 mouseout()等。

通过以上对 jQuery 语法结构的分步解析，下面制作一个网站的左导航特效，当单击导航项时，为 id 为 current 的导航项添加 class 为 current 的类样式。相关代码如示例 5 所示。

示例 5

```
<!DOCTYPE html PUBLIC "-//W3C//DTD XHTML 1.0 Transitional//EN"
"http://www.w3.org/TR/xhtml1/DTD/xhtml1-transitional.dtd">
```

```
<html xmlns="http://www.w3.org/1999/xhtml">
<head>
<meta http-equiv="Content-Type" content="text/html; charset=utf-8" />
<title>网站左导航</title>
<style type="text/css">
    li {list-style:none; line-height:22px; cursor:pointer;}
    .current {background:#6cf; font-weight:bold; color:#fff;}
</style>
<script src="js/jquery-1.8.3.js"></script>
<script>
    $(document).ready(function() {
        $("li").click(function(){
            $("#current").addClass("current");
        })
    });
</script>
</head>
<body>
<ul>
    <li id="current">jQuery 简介</li>
    <li>jQuery 语法</li>
    <li>jQuery 选择器</li>
    <li>jQuery 事件与动画</li>
    <li>jQuery 方法</li>
</ul>
</body>
</html>
```

其运行结果如图 3.20 所示。

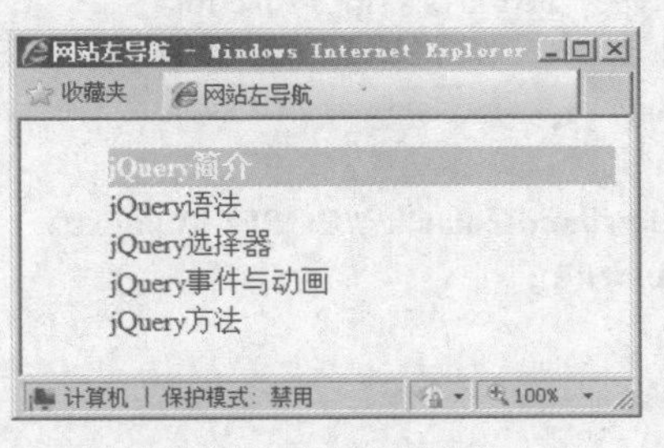

图 3.20　网站左导航

示例 5 中出现的 addClass()方法是 jQuery 中用于进行 CSS 操作的方法之一，它的作用是向被选元素添加一个或多个类样式，它的语法格式如下：

```
jQuery 对象.addClass([样式名])
```

其中，样式名可以是一个，也可以是多个，多个样式名需要用空格隔开。

需要注意的是，与使用选择器获取 DOM 元素不同，获取 id 为 current 的元素时，“current”前需要加 id 的符号“#”，而使用 addClass()方法添加 class 为 current 的类样式时，该类名前不带有类符号“.”。

3.3 读取设置 CSS 属性值

在 jQuery 中除了 addClass()方法可以设置 CSS 样式属性外，还有一个方法 CSS()具有同样的功能，CSS()方法可设置或返回 CSS 样式属性。

- 返回匹配的元素 CSS 样式语法如下：

```
css("属性");
```

例如返回<p>元素的背景色，可以写作：$("p"). css("background-color")。

- 为匹配的元素添加 CSS 样式语法如下：

```
css("属性","属性值");        //设置 CSS 样式
$(selector).css({"属性":"属性值", "属性":"属性值",……})     //设置多个 CSS 样式
```

例如使用 css()方法为页面中的<p>元素设置文本颜色、大小及背景色，可以写作：$("p").css({"color":"#fff","font-size":"18px", "background":"blue"})；。

示例 6 实现了一个问答特效，即单击问题标题时，显示其相应解释，同时高亮显示当前选择的问题标题。

示例 6

```
<--!省略部分代码-->
<head>
<meta http-equiv="Content-Type" content="text/html; charset=utf-8" />
<title>问答特效</title>
<style type="text/css">
    h2 {padding:5px;}
    p {display:none;}
</style>
<script src="js/jquery-1.8.3.js" type="text/javascript"></script>
<script type="text/javascript">
    $(document).ready(function() {
        $("h2").click(function(){
            $("h2").css("background-color","#CCFFFF").next().
             css("display","block");
        });
    });
</script>
</head>
<body>
    <h2>什么是受益人?</h2>
    <p>
        <strong>解答：</strong>
        受益人是指人身保险中由被保险人或者投保人指定的享有
        保险金请求权的人，投保人、被保险人可以为受益人。
    </p>
</body>
<--!省略部分代码-->
```

代码运行结果如图 3.21 所示。

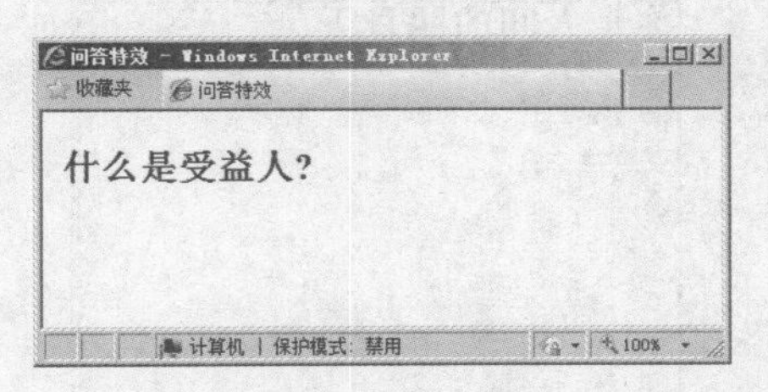

（a）单击标题前

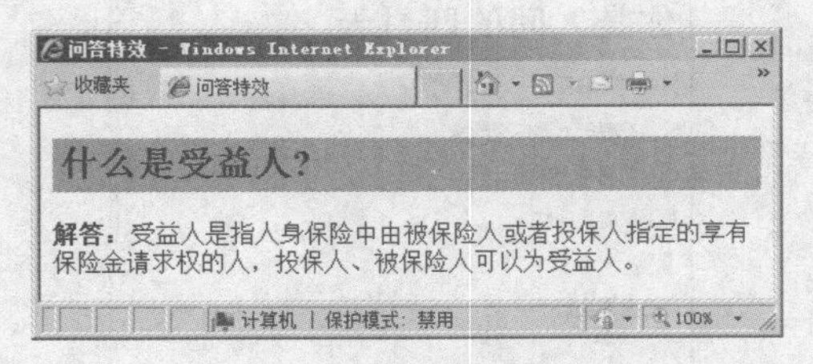

（b）单击标题后

图 3.21　问答特效

上述代码中，加粗代码的作用是单击<h2>时，为它本身添加色值为#CCFFFF 的背景颜色，并为紧随其后的元素<p>添加样式，使隐藏的<p>元素显示出来。

css()方法与 addClass()方法的区别：

- css()方法为所匹配的元素设置给定的 CSS 样式。
- addClass()方法向所匹配的元素添加一个或多个类，该方法不会删除已经存在的类，仅在原有基础上追加新的类样式。

3.4　移除 CSS 样式

在 jQuery 中除了设置 CSS 样式属性外，还有一个方法具有相反的功能，removeClass()方法移除 CSS 样式属性，其语法如下：

```
removeClass(class)      //移除单个样式
```

或者

```
removeClass(class1 class2 … classN)      //移除多个样式
```

其中，参数 class 为类样式名称，该名称是可选的，当选某类样式名称时，则移除该类样式，要移除多个类样式时，与 addClass()方法语法相似，每个类样式之间用空格隔开。

操作案例 1：使用 jQuery 变换网页效果

需求描述

单击文档标题后，标题字体大小、颜色发生变化，正文的字体大小发生变化，网页中所有元素的边距发生变化，所有文本的行高发生变化。

完成效果

初始页面效果如图 3.22（a）所示，单击标题“你是人间的四月天”后，效果如图 3.22（b）所示。

技能要点

- HTML 文档中引入 jQuery 库。
- css()方法设置 CSS 属性。

（a）单击标题前　　　　（b）单击标题后

图 3.22　css()方法的使用效果

实现思路

- 新建 HTML 文件，文件名为 Introduce.html。
- 在新建的 HTML 文档中引入 jQuery 库。
- 使用$(document).ready()创建文档加载事件。
- 使用$()选取所需元素。
- 使用 css()方法为所选取的元素添加 CSS 样式。

关键代码

```
$(document).ready(function() {                    //加载 HTML 文档
    $("h1").click(function(){                     //单击<h1>元素
        $("p").css("font-size","12px");           //选取<p>元素，并设置其字体大小为 12px
            //省略部分代码
    });
});
```

4　jQuery 对象和 DOM 对象

4.1　jQuery 对象

jQuery 对象就是通过 jQuery 包装 DOM 对象后产生的对象，它能够使用 jQuery 中的方法。例如：

```
$("#title").html();          //获取 id 为 title 的元素内的 html 代码
```

这段代码等同于如下代码：

```
document.getElementById("title").innerHTML;
```

在 jQuery 对象中无法直接使用 DOM 对象的任何方法。例如，$("#id").innerHTML 和$("#id").checked 之类的写法都是错误的，可以使用$("#id").html()和$("#id").attr("checked")之类的 jQuery 方法来代替。同样，DOM 对象也不能使用 jQuery 里的方法。例如 document.getElementById("id").html()也会报错，只能使用 document.getElementById("id").innerHTML 语句。

4.2 jQuery 对象与 DOM 对象的相互转换

在实际使用jQuery的开发过程中，jQuery对象和DOM对象互相转换是非常常见的。jQuery对象转换为 DOM 对象的原因主要是，DOM 对象包含了一些 jQuery 对象没有包含的成员，要使用这些成员，就必须进行转换；但总体来说，jQuery 对象的成员要丰富得多，因此通常会把 DOM 对象转换成 jQuery 对象。

在讨论 jQuery 对象和 DOM 对象的相互转换之前，先约定定义变量的风格。如果获取的对象是 jQuery 对象，那么在变量前面加上$，例如：

```
var $variable=jQuery 对象;
```

如果获取的对象是 DOM 对象，则定义如下：

```
var variable=DOM 对象;
```

下面看看在实际应用中是如何进行 jQuery 对象与 DOM 对象的相互转换的。

4.2.1 jQuery 对象转换成 DOM 对象

jQuery 提供了两种方法将一个 jQuery 对象转换成一个 DOM 对象，即[index]和 get(index)。

（1）jQuery 对象是一个类似数组的对象，可以通过[index]的方法得到相应的 DOM 对象。其代码如下：

```
var $txtName =$("#txtName");          //jQuery 对象
var txtName =$txtName[0];             //DOM 对象
alert(txtName.checked)                //检测这个 checkbox 是否被选中了
```

（2）通过 get(index)方法得到相应的 DOM 对象。其代码如下：

```
var $txtName =$("#txtName");          //jQuery 对象
var txtName =$txtName.get(0);         //DOM 对象
alert(txtName.checked)                //检测这个 checkbox 是否被选中了
```

jQuery 对象转换成 DOM 对象在实际开发中并不多见，除非希望使用 DOM 对象特有的成员，如 outerHTML 属性，通过该属性可以输出相应的DOM 元素的完整的HTML 代码，而 jQuery 并没有直接提供该功能。

4.2.2 DOM 对象转换成 jQuery 对象

对于一个 DOM 对象，只需要用$()函数将 DOM 对象包装起来，就可以获得一个 jQuery 对象。其格式为：

```
$(DOM 对象)
```

jQuery 代码如下：

```
var txtName =document.getElementById("txtName");          //DOM 对象
var $txtName =$(txtName);                                 //jQuery 对象
```

转换后，可以任意使用 jQuery 中的方法。

在实际开发中，将 DOM 对象转换为 jQuery 对象，多见于 jQuery 事件方法的调用中，在后续内容中将会接触到更多的 DOM 对象转换为 jQuery 对象的应用场景。

最后，再次强调：DOM 对象只能使用 DOM 中的方法，jQuery 对象不可以直接使用 DOM

中的方法，但 jQuery 对象提供了一套更加完善的对象成员用于操作 DOM，后续将持续学习这方面的内容。

操作案例 2：使用 jQuery 方式弹出消息对话框

需求描述

实现单击页面中的文字“请为我们的服务做出评价”，弹出消息对话框，显示“非常满意”功能。

完成效果

效果如图 3.23 所示。

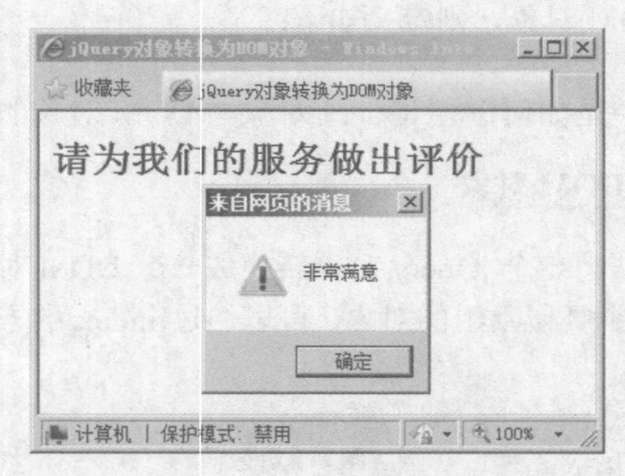

图 3.23　弹出消息对话框

技能要点

- 将 DOM 对象转换为 jQuery 对象。
- 使用 jQuery 对象的单击事件方法。

实现思路

（1）新建 HTML 文件。

（2）在新建的 HTML 文档中引入 jQuery 库。

（3）使用$(document).ready()执行文档加载事件。

（4）获取 DOM 对象。

（5）将 DOM 对象转换成 jQuery 对象。

（6）使用 jQuery 对象的 click()方法，弹出消息对话框。

5　循环结构

在很多网站的首页，都有轮播图效果，如图 3.24 所示，自动播放或者点击下方的数字按钮进行轮播广告等信息。有了之前的 jQuery 基础知识，我们基本可以完成这种最常见特效的制作了。接下来，本节内容就是完成这个广告轮播效果的学习制作。首先需要了解的知识就是循环结构。

图 3.24　轮播图效果

5.1　循环结构概述

程序结构主要分为三大类：顺序结构、选择结构和循环结构，之前的课程介绍了选择结构，想必大家不再陌生了，接下来介绍循环结构的语法及应用。

循环就是在满足一定条件的情况下，不断重复地执行某一个操作的过程。在日常生活中有很多循环的例子，如图 3.25 中所示的打印 50 份试卷，在 400 米跑道上进行万米赛跑，锲而不舍地学习，滚动的车轮等。

图 3.25　生活中的循环结构

这些循环结构有哪些共同点呢？我们可以从循环条件和循环操作两个角度考虑，即明确一句话“在什么条件成立时不断做什么事情”。

例如就打印 50 份试卷这件事分析：循环条件是只要打印的试卷份数不足 50 份就继续打印，循环操作是打印 1 份试卷，打印总份数加 1。

再例如万米赛跑这件事，循环条件是跑过的距离不足 10000 米就继续跑，循环操作就是跑 1 圈，跑过的距离增加 400 米。

所有的循环结构都有这样的特点：首先，循环不是无休止进行的，满足一定条件的时候循环才会继续，称为“循环条件”。循环条件不满足的时候，循环退出。其次，循环结构是反复进行相同的或类似的一系列操作，称为“循环操作”，如图 3.26 所示。

图 3.26 循环结构的构成

循环结构在程序设计中有如下优点：

- 解决重复操作。
- 减少代码编写量，使代码结构清晰。
- 增强代码的可读性。

JavaScript 中的循环结构分为 for 循环、while 循环、do-while 循环、for-in 循环。本文只选择基本的 for 循环和 while 循环讲解，其他循环的原理是一样的，读者自行学习即可。

5.2 for 循环语句

for 循环语句的基本语法格式如下：

```
for(初始化;条件;增量或减量) {
        //JavaScript 语句;
}
```

其中，初始化参数告诉循环的开始值，必须赋予变量初值；条件用于判断循环是否终止，若满足条件，则继续执行循环体中的语句，否则跳出循环；增量或减量定义循环控制变量在每次循环时怎么变化。在 3 个条件之间，必须使用分号（;）隔开。如图 3.27 表示的是 for 循环执行的步骤。

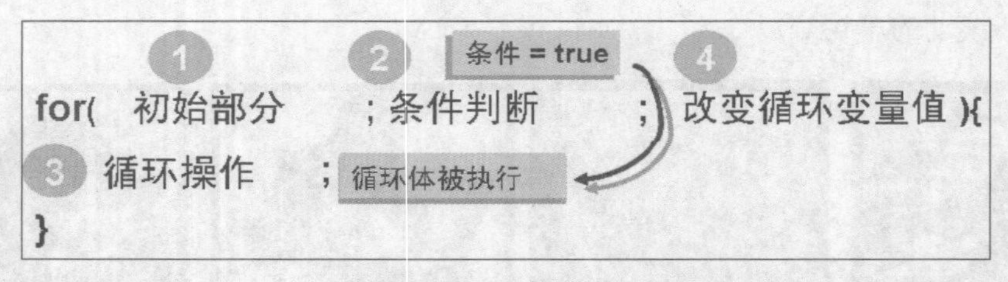

图 3.27 for 循环步骤拆解

循环步骤的拆解说明如下：

- 第一步是初始化部分，各种初始值的确定。
- 第二步判断条件，如果条件为真，则进入循环体部分。
- 第三步进行循环操作，也就是循环体被执行。
- 第四步改变循环条件，重复进入第二步判断条件，如果条件不成立，则退出循环。

下面看一个示例，利用循环语句实现页面上输出 5 个数字。

示例 7

```
<--!省略部分代码-->
<script type="text/javascript">
    var num;
    for(num=1;num<=5;num++){
```

```
            document.write("数字输出："+num+"<br>");
        }
    </script>
    <--!省略部分代码-->
```

这个示例执行步骤是这样的：

for 循环赋初值 num=1，num 的值为 1，确定符合条件，进入循环体打印输出“数字输出：1”，然后 num++后 num 的值为 2，确定符合条件，再次进入循环体打印输出，以此类推，最后 num=5 时，符合条件，打印输出，num++后为 6，不符合条件，退出循环。

示例 7 运行结果如图 3.28 所示。

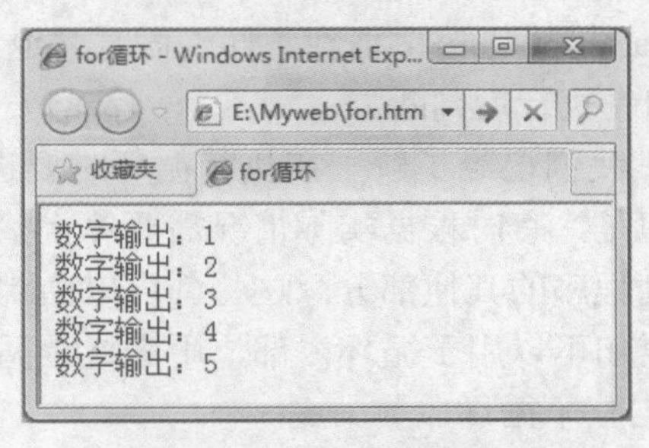

图 3.28 for 循环输出数字

5.3 while 循环语句

while 循环语句又分为 while 循环语句和 do-while 循环语句。

while 循环语句的语法格式如下：

```
while(条件) {
    //JavaScript 语句;
}
```

其特点是先判断后执行，当条件为真时，就执行 JavaScript 语句；当条件为假时，就退出循环。图 3.29 表示的是 while 循环执行的流程图。

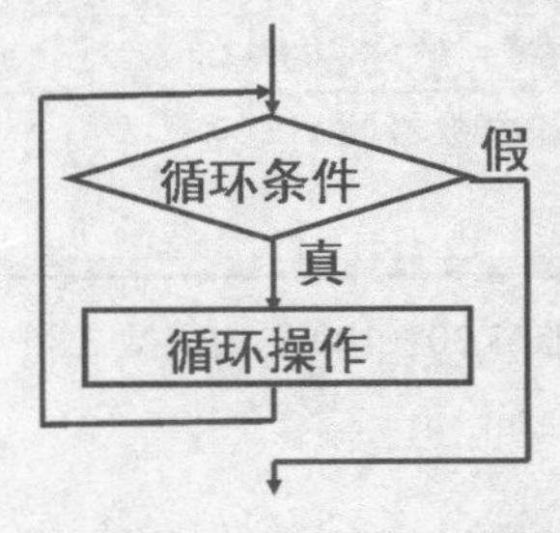

图 3.29 while 循环流程图

循环步骤的拆解说明如下：

- 第一步：判断条件，如果条件为真，则进入循环体部分。
- 第二步：进行循环操作，也就是循环体被执行。
- 第三步：继续判断条件，依次循环，直到条件为假，跳出循环。

使用 while 来完成图 3.19 所示的效果，修改示例 7 的代码如下：

```
var num=1;
while(num<=5){
    document.write("数字输出："+num+"<br>");
    num++;
}
```

do-while 循环语句的基本语法格式如下：

```
do {
    //JavaScript 语句;
} while(条件);
```

该语句表示反复执行 JavaScript 语句，直到条件为假时才退出循环，与 while 循环语句的区别在于，do-while 循环语句先执行后判断。

通过对循环结构的学习，我们已经了解了在执行循环时要进行条件判断。只有在条件为“假”时，才能结束循环。但是，有时根据实际情况需要停止整个循环或是跳到下一次循环，有时需要从程序的一部分跳到程序的其他部分，这些都可以由跳转语句来完成。在 JavaScript 标准语法中，有两种特殊的语句可以用于循环内部，用来终止循环：break 和 continue。

- break：可以立即退出整个循环。
- continue：只是退出当前的循环，根据判断条件决定是否进行下一次循环。

操作案例 3：计算 100 以内的偶数之和

需求描述

分别使用 for 循环和 while 循环，实现页面输出 100 以内（包括 100）的偶数之和。注意观察每一次循环中变量值的变化。

完成效果

效果如图 3.30 所示。

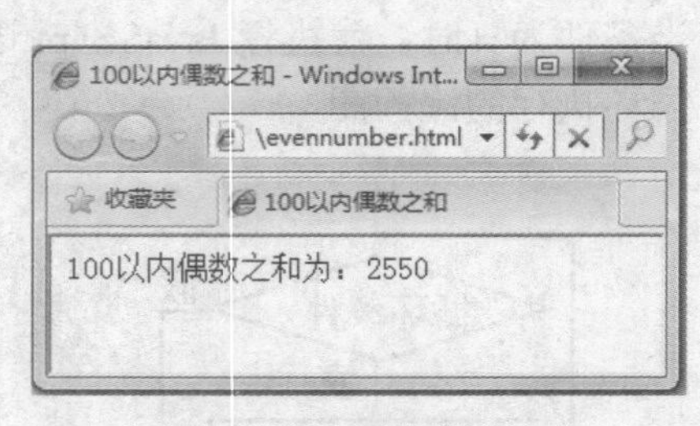

图 3.30　100 以内偶数之和

技能要点

- for 循环语句的使用。
- while 循环语句的使用。

实现思路

- 声明整型变量 num 和 sum，分别表示当前加数和当前和。
- 循环条件：num<=100。
- 循环操作：累加求和。

操作案例 4：制作京东商城首页焦点图轮播特效

需求描述

制作京东商城首页焦点图轮播特效，具体要求如下：

- 焦点图轮换显示。
- 焦点图显示时对应的按钮背景为红色。
- 鼠标放到图片上时停止轮换显示，离开图片继续轮换显示。

完成效果

效果如图 3.31 所示。

图 3.31　京东首页焦点图轮播特效

技能要点

- 使用 jQuery 操作 CSS 样式。
- 定时函数。
- 循环结构。

关键代码

- 数字轮播按钮的样式设置如下：

```
.page-con{
    position:absolute;
    z-index:2;
    text-align:center;
    bottom:10px;
    width:100%;
    font-size:0;
}
//定义轮播函数
function slide(){
    for(var i=1;i<len+1;i++){
```

```
        $(".page-con li.p"+i).css({"background":"#3e3e3e"});    //所有底部按钮不改变背景
        $(".img-box img.p"+i).css("display","none");            //所有 img 隐藏
    }
    $(".page-con .p"+page).css({"background":"#b61b1f"});      //相应底部按钮背景改变
    $(".img-box img.p"+page).css("display","block");           //相应 img 显示

    page++;             //当前轮播加 1（下一个图片显示）
    if(page == 6){
        page = 1;       //当 page 大于图片长度时，从第一个图片开始播放
    }
    time = setTimeout(slide,1500);
}
```

本章总结

- jQuery 的基本语法结构是：$(selector).action();。
- 使用 jQuery 设置 CSS 的样式。
- 循环分为 for 循环和 while 循环，break 和 continue 的区别。

本章作业

1. 简述 jQuery 的优势。
2. 什么是 DOM 模型？
3. jQuery 的语法结构由哪几部分组成？
4. 使用 JavaScript 循环语句输出如图 3.32 所示的页面效果。

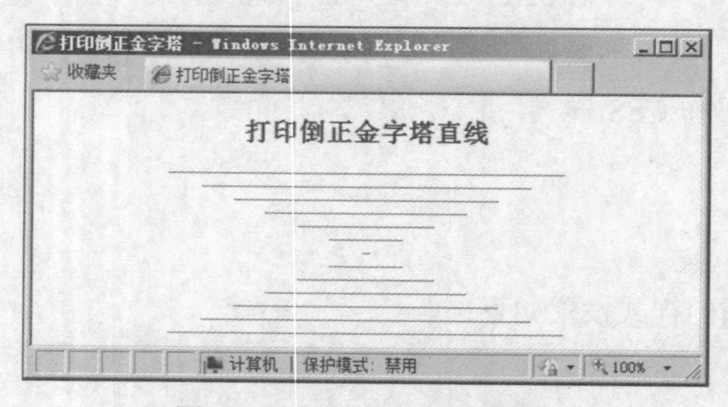

图 3.32　打印倒正金字塔直线

5. 编写一个 jQuery 程序，并设置<h1>的字体大小为 30px，将 class 为 current 的<li>元素设置其背景颜色的色值为#99CCFF（页面效果等参考电子素材）。

6. 请登录课工场，按要求完成预习作业。

第4章

jQuery 选择器与事件

本章技能目标

- 掌握各种选择器的用法
- 与事件结合制作网页特效
- 会使用常用函数制作页面效果

本章简介

选择器是 jQuery 的核心之一，jQuery 沿用了 CSS 选择器获取元素的功能，使得开发者能够在 DOM 中快捷且轻松地获取元素及其集合，并通过所操作的对象与用户或浏览器进行各种信息交互。传统的 JavaScript 操作页面时引发交互多使用事件来处理，诸如单击按钮提交表单、打开页面弹出对话框、鼠标指针移过时显示下拉菜单等，都是事件对用户操作的处理。虽然传统的 JavaScript 事件能完成这些交互，但 jQuery 增强并扩展了基本的事件处理机制。

本章将通过对比 JavaScript 事件来讲解 jQuery 中选择器的使用，并完成一些与 JavaScript 中相同的常用事件，如鼠标事件、键盘事件等。

1 jQuery 选择器

选择器是 jQuery 的根基，在 jQuery 中，对事件处理、遍历 DOM 和 Ajax 操作都依赖于选择器。熟练地使用选择器，不但能简化代码，而且能够事半功倍。jQuery 选择器可通过 CSS 选择器、条件过滤两种方式获取元素。通过 CSS 选择器语法规则获取元素的 jQuery 选择器包括基本选择器、层次选择器和属性选择器；通过条件过滤选取元素的 jQuery 选择器包括基本过滤选择器和可见性过滤选择器。

下面首先看看什么是 jQuery 选择器，它的优势在哪里。

1.1 选择器优势

说到选择器，会让人自然地联想到 CSS（Cascading Style Sheets，层叠样式表），在 CSS 中，选择器的作用是获取元素，而后为其添加 CSS 样式，美化其外观；而 jQuery 选择器，不仅良好地继承了 CSS 选择器的语法，还继承了其获取页面元素便捷高效的特点，jQuery 选择器与 CSS 选择器的不同之处就在于，jQuery 选择器获取元素后，为该元素添加的是行为，使页面交互变得更加丰富多彩。

此外，jQuery 选择器拥有着良好的浏览器兼容性，不用像使用 CSS 选择器那样需要考虑各个浏览器对它的支持情况。学会使用选择器是学习 jQuery 的基础，jQuery 的操作都建立在所获取的元素之上，否则无法输出想要的效果。

总体而言，jQuery 选择器有以下 3 点优势。

（1）写法简洁。

$()函数在很多 JavaScript 库中都被当作一个选择器函数来使用，在 jQuery 中也不例外。其中，$("#id")用来代替 JavaScript 中的 document.getElementById()函数，即通过 ID 获取元素；$("tagName")用来代替 document.getElementsByTagName()函数，即通过标签名来获取 HTML 元素；其他选择器的写法将在后续小节中讲解。

（2）支持 CSS 1.0 到 CSS 3.0 选择器。

jQuery 选择器支持 CSS 1.0、CSS 2.0 和 CSS 3.0 的大多数选择器。同时，它也有少量自定义的选择器。因此对拥有一定 CSS 基础的开发人员来说，学习 jQuery 选择器是一件非常容易的事。

使用 CSS 选择器时，开发人员需要考虑主流浏览器是否支持某些选择器。而在 jQuery 中，开发人员则可以放心地使用 jQuery 选择器而无须考虑浏览器是否支持这些选择器。

（3）完善的处理机制。

使用 jQuery 选择器不仅比使用传统的 getElementById()和 getElementsByTagName()函数简洁得多，还能避免某些错误。

1.2 jQuery 选择器分类

根据功能操作的不同，在 jQuery 中的选择器主要分成如下四大类：

- 基本选择器。
- 层次选择器。
- 属性选择器。
- 过滤选择器。

除了过滤选择器，其他选择器的构成规则与 CSS 选择器完全相同。下面分别讲解这几种选择器的用法。

1.3　基本选择器

首先看什么是 jQuery 基本选择器。jQuery 基本选择器与 CSS 基本选择器相同，它继承了 CSS 选择器的语法和功能，主要由元素标签名、class、id 和多个选择器组成，通过基本选择器可以实现大多数页面元素的查找。基本选择器主要包括标签选择器、类选择器、ID 选择器、并集选择器、交集选择器和全局选择器。这一类选择器也是 jQuery 中使用频率最高的。

为了更加直观地展示 jQuery 基本选择器选取的元素及范围，首先使用 HTML+CSS 代码实现如图 4.1 所示的页面。

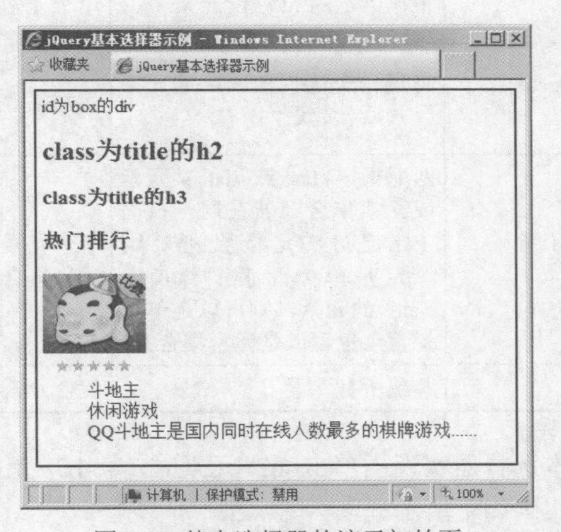

图 4.1　基本选择器的演示初始页

其 HTML+CSS 代码如下所示：

```
<-- !省略部分代码-->
<style type="text/css">
#box {background-color:#FFF; border:2px solid #000; padding:5px;}
</style>
</head>
<body>
<div id="box"> id 为 box 的 div
        <h2 class="title">class 为 title 的 h2</h2>
```

```
<h3 class="title">class 为 title 的 h3</h3>
<h3>热门排行</h3>
 <dl>
      <dt><img src="images/case_1.gif" width="93" height="99"
       alt="斗地主" /></dt>
      <dd class="title">斗地主</dd>
      <dd>休闲游戏</dd>
      <dd>QQ 斗地主是国内同时在线人数最多的棋牌游戏......</dd>
   </dl>
</div>
<-- !省略部分代码-->
```

关于 jQuery 基本选择器的详细说明如表 4-1 所示。

表 4-1　基本选择器的详细说明

名称	语法构成	描述	返回值	示例
标签选择器	element	根据给定的标签名匹配元素	元素集合	$("h2")选取所有 h2 元素
类选择器	.class	根据给定的 class 匹配元素	元素集合	$(".title")选取所有 class 为 title 的元素
ID 选择器	#id	根据给定的 id 匹配元素	单个元素	$("#title")选取 id 为 title 的元素
并集选择器	selector1,selector2,...,selectorN	将每一个选择器匹配的元素合并后一起返回	元素集合	$("div,p,.title")选取所有 div、p 和拥有 class 为 title 的元素
交集选择器	element.class 或 element#id	匹配指定 class 或 id 的某元素或元素集合（若在同一页面中指定 id 的元素返回值，则一定是单个元素；若指定 class 的元素，则可以是单个元素，也可以是元素集合）	单个元素或元素集合	$("h2.title")选取所有拥有 class 为 title 的 h2 元素
全局选择器	*	匹配所有元素	集合元素	$("*")选取所有元素

下面使用 jQuery 基本选择器实现当单击<h2>元素时，为<h3>元素添加颜色为#09F 的背景颜色的功能。其 jQuery 代码如下所示：

```
<script type="text/javascript">
$(document).ready(function() {
      $("h2").click(function(){     //获取<h2>元素并为其添加 click 事件函数
            $("h3").css("background-color","#09F");      //获取<h3>元素并为其添加背景颜色
      });
});
</script>
```

使用基本选择器可以完成大部分页面元素的获取。下面根据表 4-1 对基本选择器的详细说明，在如图 4.1 所示的静态页面的基础上，对该页面中元素进行匹配并操作（改变 CSS 样式），示例如表 4-2 所示。

表 4-2　基本选择器示例

功能	代码	执行后的效果
获取并设置所有<h3>元素的背景颜色	$("h3").css("background","#09F")	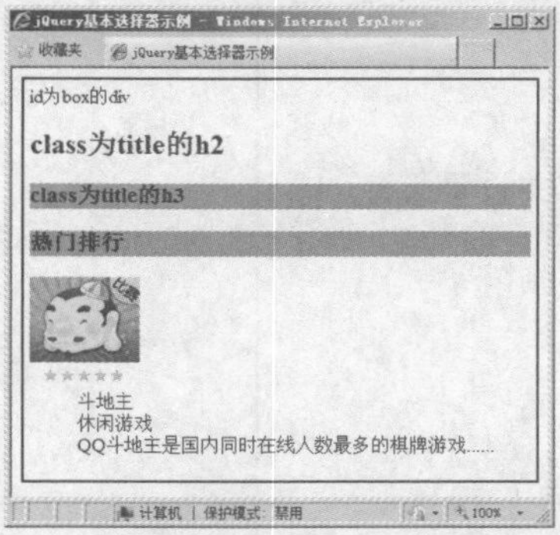
获取并设置所有 class 为 title 的元素的背景颜色	$(".title").css("background","#09F")	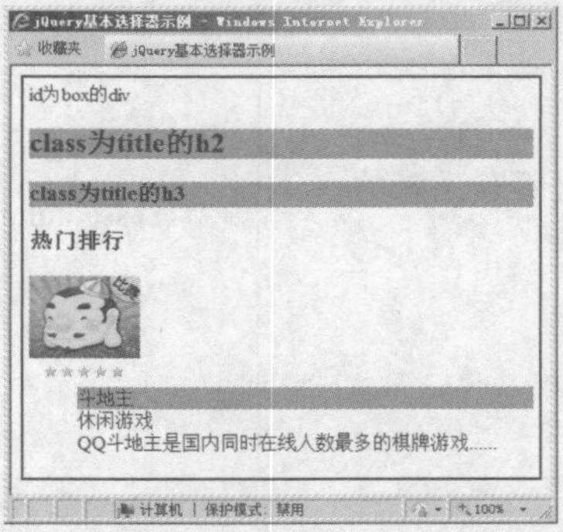
获取并设置 id 为 box 的元素的背景颜色	$("#box").css("background","#09F")	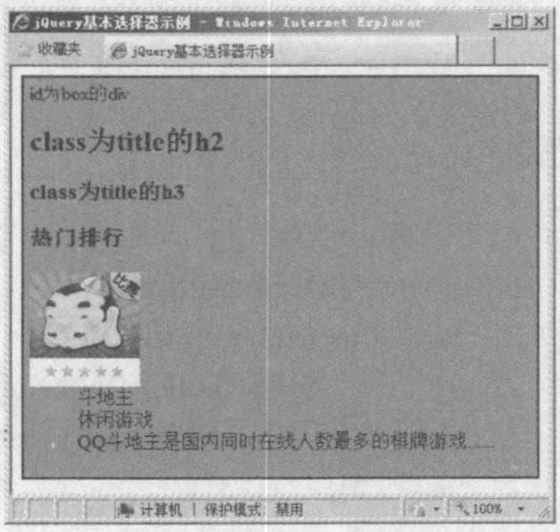
获取并设置所有<h2>、<dt>、class 为 title 的元素的背景颜色	$("h2,dt,.title").css("background","#09F")	

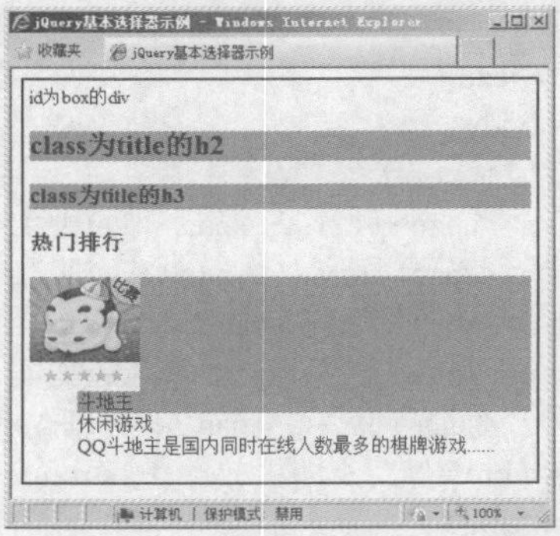

续表

功能	代码	执行后的效果
获取并设置所有 class 为 title 的<h2>元素的背景颜色	$("h2.title").css("background","#09F")	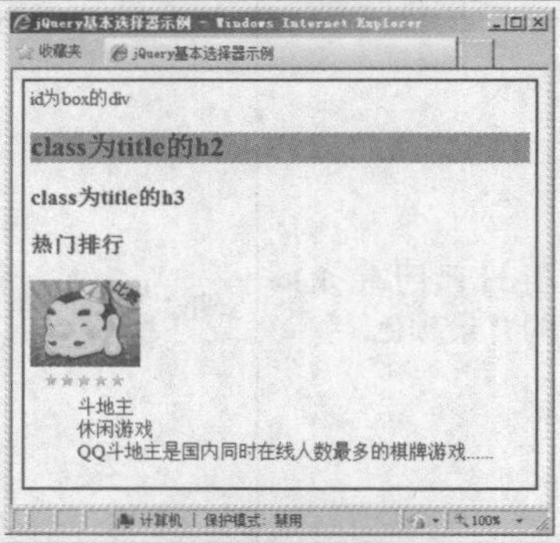
改变所有元素的字体颜色	$("*").css("color","red")	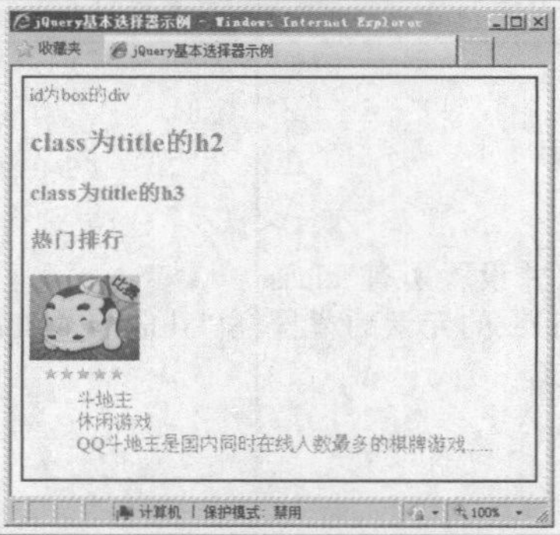

学习完基本选择器的语法之后，下面使用标签选择器来实现单击<p>元素时，选中页面中的<span>元素，并为其添加背景颜色。代码如示例 1 所示。

示例 1

```
<-- !省略部分代码-->
<script type="text/javascript">
    $(document).ready(function() {
            $("p").click(function(){
                $("span").css("background","#6FF");
            });
    });
</script>
</head>
<body>
<h2>千与千寻</h2>
<p><span>别名：</span>神隐少女</p>
<p><span>导演：</span>宫崎骏</p>
<p><span>简介</span></p>
<p><span>千寻</span>和爸爸妈妈一同驱车前往新家，在郊外的小路上不慎进入了神秘的隧道--他们去了另外一个诡异世界...<span>>>详细</span></p>
<a href="#">立即播放</a> <strong><a href="#">极速播放</a></strong><span>下载观看</span> </body>
</html>
```

其运行结果如图 4.2 所示。

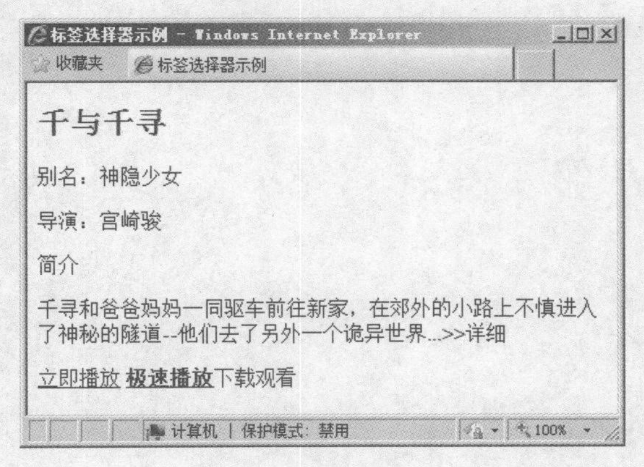

（a）初始状态

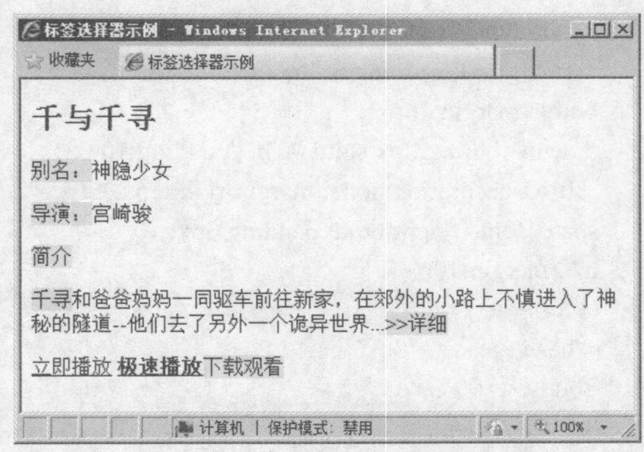

（b）单击<p>元素后的界面

图 4.2　标签选择器的应用

1.4　层次选择器

若要通过 DOM 元素之间的层次关系来获取元素，如后代元素、子元素、相邻元素和同辈元素，则使用 jQuery 的层次选择器会是最佳选择。

那么什么是 jQuery 层次选择器？jQuery 中的层次选择器与 CSS 中的层次选择器相同，它们都是根据获取元素与其父元素、子元素、兄弟元素等的关系而构成的选择器。jQuery 中有 4 种层次选择器，它们分别是后代选择器、子选择器、相邻元素选择器和同辈元素选择器，其中最常用的是后代选择器和子选择器，它们和 CSS 中的后代选择器与子选择器的语法及选取范围均相同。

与讲解基本选择器相同，首先使用 HTML+CSS 代码实现如图 4.3 所示的页面，用来演示层次选择器的用法。

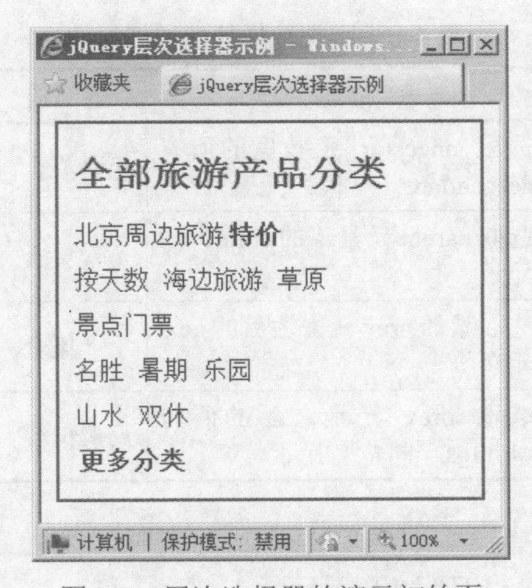

图 4.3　层次选择器的演示初始页

其 HTML+CSS 代码如下所示：

```
<-- !省略部分代码-->
<style type="text/css">
* {margin:0; padding:0; line-height:30px;}
body {margin:10px;}
#menu {border:2px solid #03C; padding:10px;}
a {text-decoration:none; margin-right:5px;}
span {font-weight:bold; padding:3px;}
h2 {margin:10px 0;}
</style>
</head>
<body>
<div id="menu">
      <h2>全部旅游产品分类</h2>
      <dl>
         <dt>北京周边旅游<span>特价</span></dt>
         <dd>
               <a href="#">按天数</a> <a href="#">海边旅游</a> <a href="#">草原</a>
         </dd>
      </dl>
      <dl>
            <dt>景点门票</dt>
            <dd><a href="#">名胜</a> <a href="#">暑期</a> <a href="#">乐园</a></dd>
            <dd><a href="#">山水</a> <a href="#">双休</a></dd>
      </dl>
   <span>更多分类</span>
  </div>
</body>
<-- !省略部分代码-->
```

关于层次选择器的详细说明如表 4-3 所示。

表 4-3　层次选择器的详细说明

名称	语法构成	描述	返回值	示例
后代选择器	ancestor descendant	选取 ancestor 元素里的所有 descendant（后代）元素	元素集合	$("#menu span")选取#menu 下所有的<span>元素
子选择器	parent>child	选取 parent 元素下的 child（子）元素	元素集合	$("#menu>span")选取#menu 下的子元素<span>
相邻元素选择器	prev+next	选取紧邻 prev 元素之后的 next 元素	元素集合	$("h2+dl")选取紧邻<h2>元素之后的同辈元素<dl>
同辈元素选择器	prev~siblings	选取 prev 元素之后的所有 siblings（同辈）元素	元素集合	$("h2~dl")选取<h2>元素之后所有的同辈元素<dl>

下面使用 jQuery 层次选择器实现当单击<h2>元素时，为#menu 下的<span>元素添加色值为#09F 的背景颜色。其 jQuery 代码如下所示：

```
<script type="text/javascript">
```

```
$(document).ready(function() {
        $("h2").click(function(){
            $("#menu span").css("background-color","#09F");
        })
});
</script>
```

然后在如图 4.3 所示的页面基础上，使用层次选择器对网页中的元素等进行操作，示例如表 4-4 所示。

表 4-4　层次选择器示例

功能	代码	执行后的效果
获取并设置#menu 下的<span>元素的背景颜色	$("#menu span") .css("background-color","#09F")	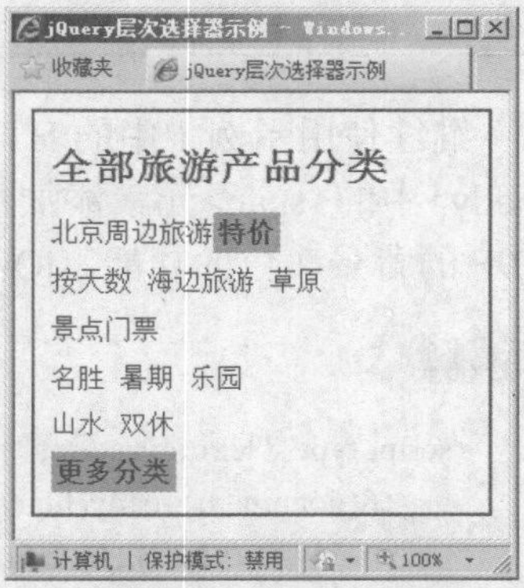 jQuery层次选择器示例 - Windows... 收藏夹　jQuery层次选择器示例 全部旅游产品分类 北京周边旅游特价 按天数 海边旅游 草原 景点门票 名胜 暑期 乐园 山水 双休 更多分类 计算机 | 保护模式：禁用　100%
获取并设置#menu 下的子元素<span>的背景颜色	$("#menu>span") .css("background-color","#09F")	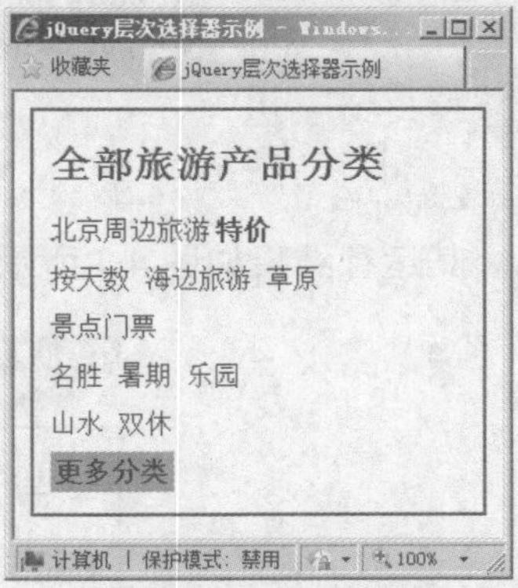 jQuery层次选择器示例 - Windows... 收藏夹　jQuery层次选择器示例 全部旅游产品分类 北京周边旅游特价 按天数 海边旅游 草原 景点门票 名胜 暑期 乐园 山水 双休 更多分类 计算机 | 保护模式：禁用　100%
获取并设置紧邻<h2>元素后的<dl>元素的背景颜色	$("h2+dl") .css("background-color","#09F")	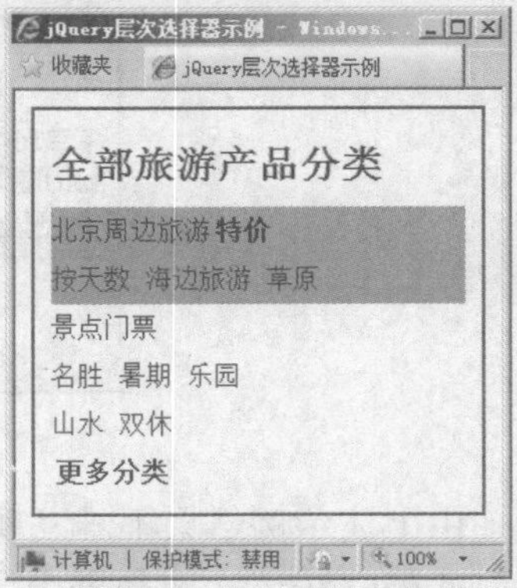 jQuery层次选择器示例 - Windows... 收藏夹　jQuery层次选择器示例 全部旅游产品分类 北京周边旅游特价 按天数 海边旅游 草原 景点门票 名胜 暑期 乐园 山水 双休 更多分类 计算机 | 保护模式：禁用　100%

续表

功能	代码	执行后的效果
获取并设置<h2>元素之后的所有同辈元素<dl>的背景颜色	$("h2~dl") .css("background-color","#09F")	jQuery层次选择器示例 - Windows 全部旅游产品分类 北京周边旅游 特价 按天数 海边旅游 草原 景点门票 名胜 暑期 乐园 山水 双休 更多分类

继续使用示例 1 中的 HTML 代码，演示层次选择器的用法，实现当单击<h2>元素时，为<body>中的<span>元素添加色值为#6FF 的背景颜色，为<body>的子<span>元素添加色值为#F9F 的背景颜色的功能。jQuery 代码如示例 2 所示。

示例 2

```
<script type="text/javascript">
    $(document).ready(function() {
        $("h2").click(function(){
            $("body span").css("background","#6FF");
            $("body>span").css("background","#F9F");
        });
    });
</script>
```

其运行结果如图 4.4 所示。

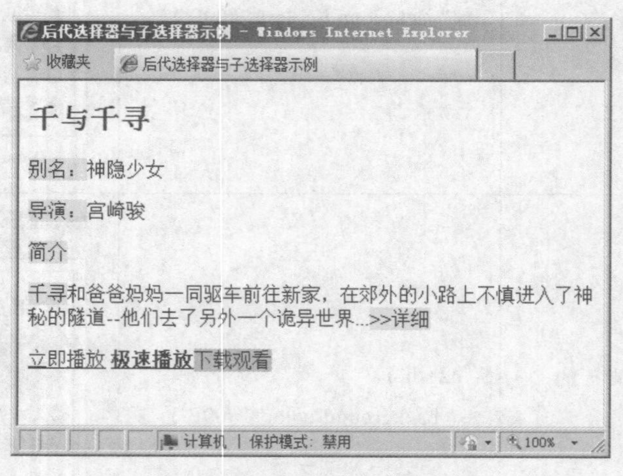

图 4.4　后代选择器与子选择器

由上述示例结果不难发现，子选择器的选取范围比后代选择器的选取范围小。

此外，在层次选择器中，后代选择器和子选择器较为常用，而相邻元素选择器和同辈元素选择器在 jQuery 里可以用更加简单的方法代替，所以使用的机率相对较少。在 jQuery 中，可以使用 next()方法代替 prev+next（相邻元素选择器），使用 nextAll()方法代替 prev~siblings（同辈元素选择器）。

1.5　属性选择器

什么是属性选择器？顾名思义，属性选择器就是通过 HTML 元素的属性选择元素的选择器，它与 CSS 中的属性选择器语法构成完全一致，如<p>元素中的 title 属性，<a>元素中的 target 属性，<img>元素中的 alt 属性等。属性选择器是 CSS 选择器中非常有用的选择器，从语法构成来看，它遵循 CSS 选择器；从类型来看，它属于 jQuery 中按条件过滤获取元素的选择器之一。

仍然首先使用 HTML+CSS 代码实现如图 4.5 所示的页面，用来演示属性选择器的用法。

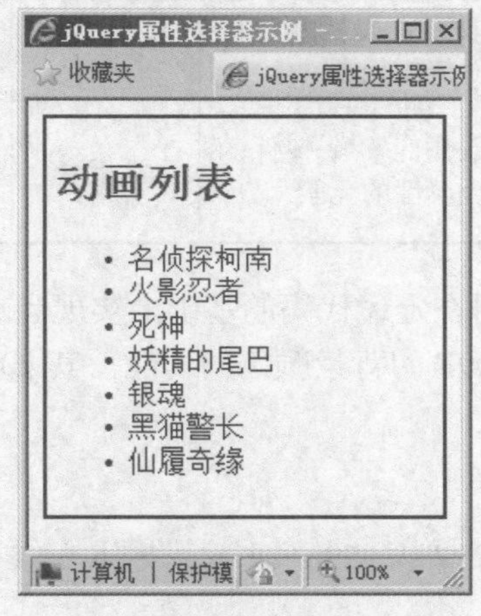

图 4.5　属性选择器的演示初始页

其 HTML+CSS 代码如下所示：

```
<-- !省略部分代码-->
<style type="text/css">
#box {background-color:#FFF; border:2px solid #000; padding:5px;}
</style>
</head>
<body>
<div id="box">
  <h2 class="odds" title="cartoonlist">动画列表</h2>
  <ul>
        <li class="odds" title="kn_jp">名侦探柯南</li>
        <li class="evens" title="hy_jp">火影忍者</li>
        <li class="odds" title="ss_jp">死神</li>
    <-- !省略部分代码-->   </ul>
</div>
<--!省略部分代码-->
```

关于属性选择器的详细说明如表 4-5 所示。

表 4-5 属性选择器的详细说明

名称	语法	描述	返回值	示例
属性选择器	[attribute]	选取包含给定属性的元素	元素集合	$("[href]")选取含有 href 属性的元素
	[attribute=value]	选取等于给定属性是某个特定值的元素	元素集合	$("[href ='#']")选取 href 属性值为"#"的元素
	[attribute!=value]	选取不等于给定属性是某个特定值的元素	元素集合	$("[href !='#']")选取 href 属性值不为"#"的元素
	[attribute^=value]	选取给定属性是以某些特定值开始的元素	元素集合	$("[href^='en']")选取 href 属性值以 en 开头的元素
	[attribute$=value]	选取给定属性是以某些特定值结尾的元素	元素集合	$("[href$='.jpg']")选取 href 属性值以.jpg 结尾的元素
	[attribute*=value]	选取给定属性是包含某些值的元素	元素集合	$("[href* ='txt']")选取 href 属性值中含有 txt 的元素
	[selector] [selector2] [selectorN]	选取满足多个条件的复合属性的元素	元素集合	$("li[id][title=新闻要点]")选取含有 id 属性和 title 属性为"新闻要点"的<li>元素

下面使用 jQuery 属性选择器在上述代码的基础上实现当单击<h2>元素时，为包含属性名为 title 的<h2>元素添加色值为#09F 的背景颜色的功能。其 jQuery 代码如下所示：

```
<script type="text/javascript">
$(document).ready(function() {
        $("h2").click(function(){
                $("h2[title]").css("background-color","#09F");
        })
});
</script>
```

其运行结果如图 4.6 所示。

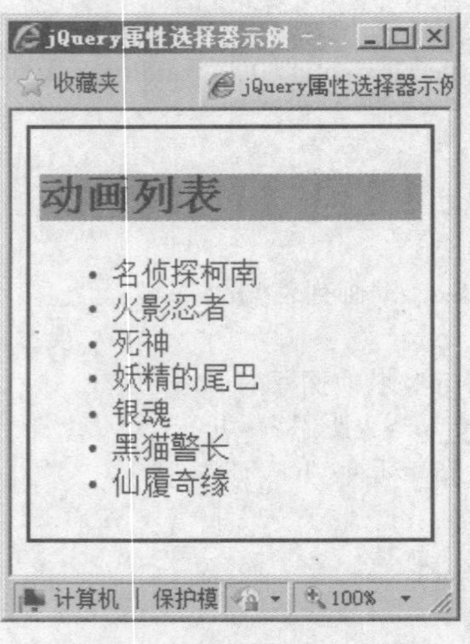

图 4.6 属性选择器的应用

在如图 4.5 所示页面的基础上，使用属性选择器对网页中的元素等进行操作，示例如表 4-6 所示。

表 4-6　属性选择器示例

功能	代码	执行后的效果
改变含有 title 属性的<h2>元素的背景颜色	$("h2[title]") .css("background-color","#09F")	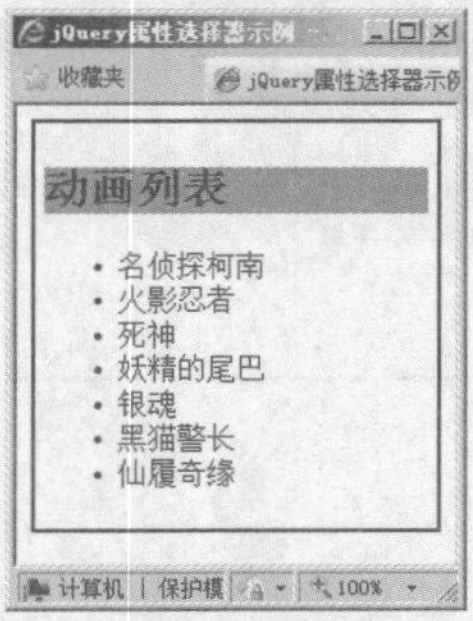
改变 class 属性的值为 odds 的元素的背景颜色	$("[class=odds]") .css("background-color","#09F")	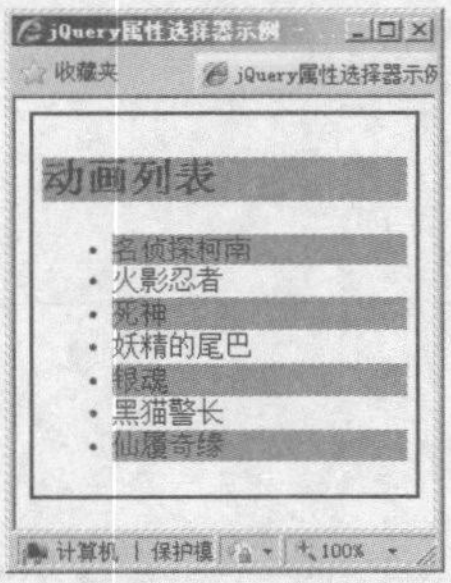
改变 id 属性的值不为 box 的元素的背景颜色	$("[id!=box]") .css("background-color","#09F")	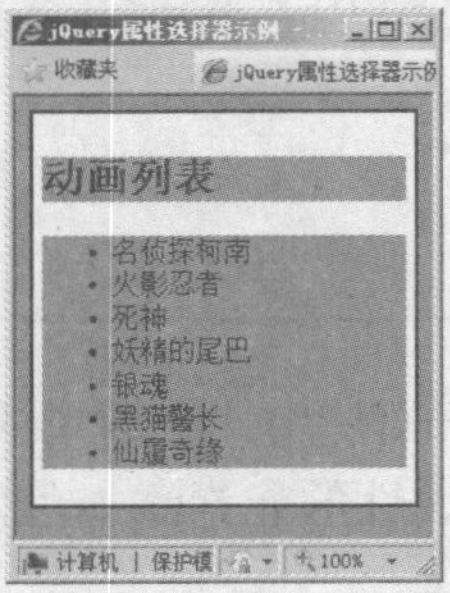
改变 title 属性的值中以 h 开头的元素的背景颜色	$("[title^=h]") .css("background-color","#09F")	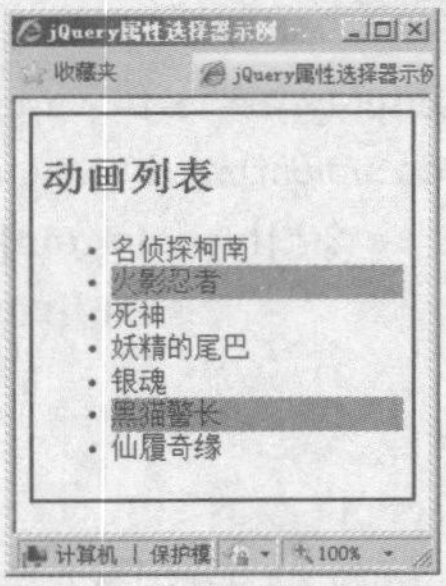

续表

功能	代码	执行后的效果
改变 title 属性的值中以 jp 结尾的元素的背景颜色	$("[title$=jp]") .css("background-color","#09F")	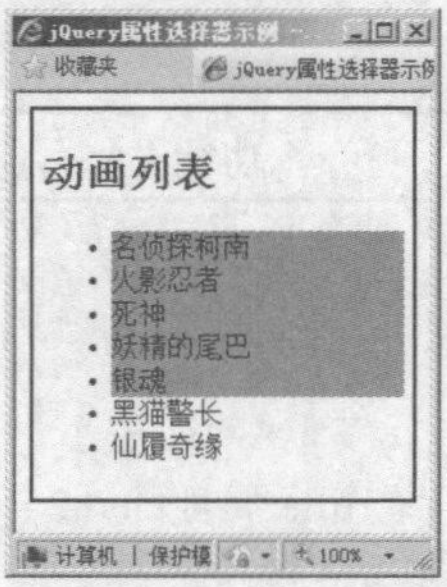
改变 title 属性的值中含有 s 的元素的背景颜色	$("[title*=s]") .css("background-color","#09F")	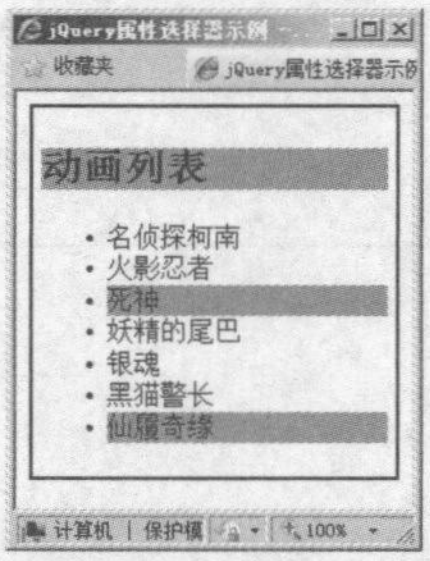
改变包含 class 属性，且 title 属性的值中含有 y 的<li>元素的背景颜色	$("li[class][title*=y]") .css("background-color","#09F")	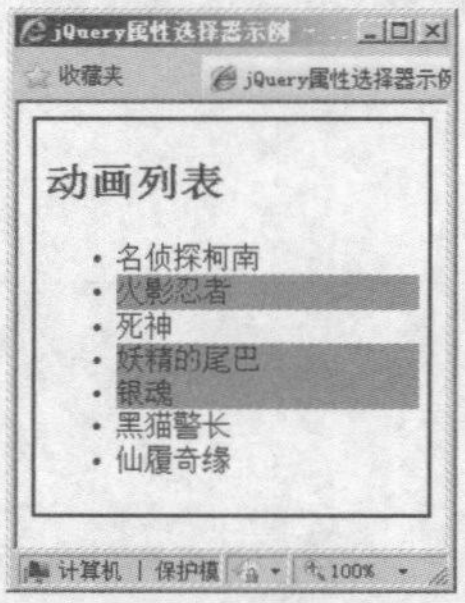

下面使用一个简单的示例，该示例需要实现当单击按钮时，将 type 属性值为 text，且含有 name 属性的元素添加色值为#09F 的背景颜色的功能，代码如示例 3 所示。

示例 3

```
<script type="text/javascript">
$(document).ready(function() {
        $("[type=button]").click(function(){
                $("[name][type=text]").css("background-color","#09F");
        })
});
</script>
```

其运行结果如图 4.7 所示。

通常，属性选择器适用于表单，如获取表单中的单选按钮、复选框的选中状态、按钮等。

注意：如果基于 jQuery，则使用 ID 选择器获取元素的效率是最高的，因为 ID 具有唯一性。

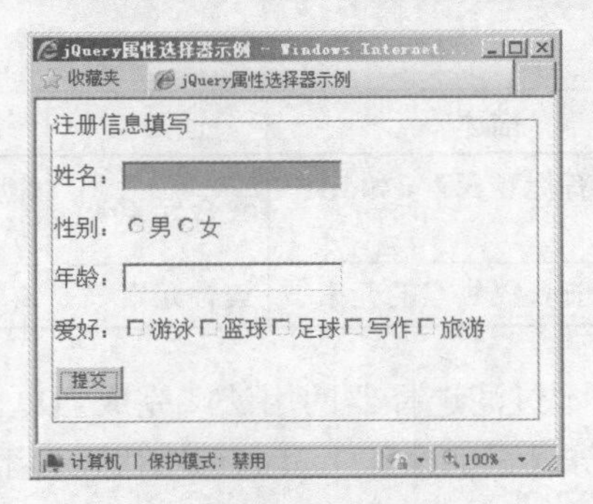

图 4.7　属性选择器

1.6　过滤选择器

过滤选择器主要通过特定的过滤规则来筛选出所需的 DOM 元素，过滤规则与 CSS 中的伪类语法相同，即选择器都以一个冒号（:）开头，冒号前是进行过滤的元素，例如，a:hover 表示当鼠标指针移过<a>元素时，a:visited 表示当鼠标指针访问过<a>元素后。

按照不同的过滤条件，过滤选择器可以分为基本过滤、内容过滤、可见性过滤、属性过滤、子元素过滤和表单对象属性过滤选择器。其中，最常用的过滤选择器是基本过滤选择器、可见性过滤选择器、属性过滤选择器和表单对象属性过滤选择器。在这里，我们仅讲解最常使用的基本过滤选择器。

下面先来学习基本过滤选择器的使用方法。

基本过滤选择器是过滤选择器中使用最为广泛的一种，其详细说明如表 4-7 所示。

表 4-7　基本过滤选择器的详细说明

名称	语法	描述	返回值	示例
基本过滤选择器	:first	选取第一个元素	单个元素	$("li:first")选取所有<li>元素中的第一个<li>元素
	:last	选取最后一个元素	单个元素	$("li:last")选取所有<li>元素中的最后一个<li>元素
	:not(selector)	选取去除所有与给定选择器匹配的元素	集合元素	$("li:not(.three)") 选取 class 不是 three 的元素
	:even	选取索引是偶数的所有元素（index 从 0 开始）	集合元素	$("li:even")选取索引是偶数的所有<li>元素
	:odd	选取索引是奇数的所有元素（index 从 0 开始）	单个元素	$("li:odd")选取索引是奇数的所有<li>元素
	:eq(index)	选取索引等于 index 的元素（index 从 0 开始）	集合元素	$("li:eq(1)")选取索引等于 1 的<li>元素
	:gt(index)	选取索引大于 index 的元素（index 从 0 开始）	集合元素	$("li:gt(1)")选取索引大于 1 的<li>元素（注意：大于 1，不包括 1）
	:lt(index)	选取索引小于 index 的元素（index 从 0 开始）	集合元素	$("li:lt(1)")选取索引小于 1 的<li>元素（注意：小于 1，不包括 1）

续表

名称	语法	描述	返回值	示例
基本过滤选择器	:header	选取所有标题元素，如 h1～h6	集合元素	$(":header")选取网页中的所有标题元素
	:focus	选取当前获取焦点的元素	集合元素	$(":focus")选取当前获取焦点的元素

下面通过一个示例演示基本过滤选择器的用法。完成当单击<h2>元素时，使用基本过滤选择器对网页中的<li>、<h2>等元素的操作，页面初始代码如下所示：

```
<--!省略部分代码-->
<script type="text/javascript">
$(document).ready(function() {
        $("h2").click(function(){
                <-- !省略部分代码-->
        })
});
</script>
</head>
<body>
<h2>网络小说</h2>
<ul>
   <li>王妃不好当</li>
   <li>致命交易</li>
   <li class="three">迦兰寺</li>
   <li>逆天之宠</li>
   <li>交错时光的爱恋</li>
   <li>张震鬼故事</li>
   <li>第一次亲密接触</li>
</ul>
<--!省略部分代码-->
```

页面初始效果如图 4.8 所示。

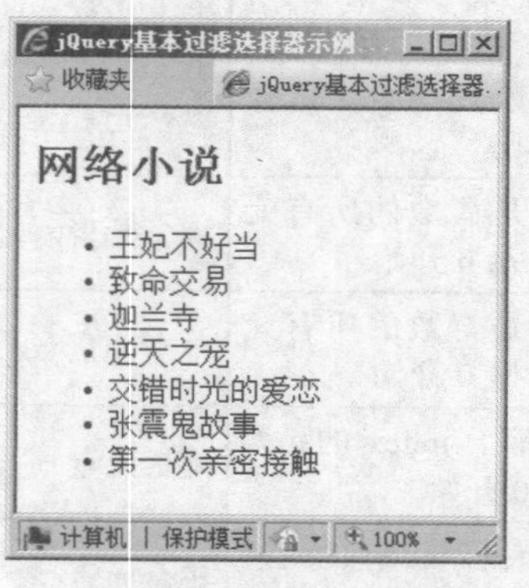

图 4.8　页面初始状态

基本过滤选择器的示例如表 4-8 所示。

表 4-8　基本过滤选择器示例

功能	代码	执行后的效果
改变第一个<li>元素的背景颜色	$("li:first") .css("background-color","#09F")	网络小说 • 王妃不好当 • 致命交易 • 迦兰寺 • 逆天之宠 • 交错时光的爱恋 • 张震鬼故事 • 第一次亲密接触
改变 class 不为 three 的<li>元素的背景颜色	$("li:not(.three)") .css("background-color","#09F")	网络小说 • 王妃不好当 • 致命交易 • 迦兰寺 • 逆天之宠 • 交错时光的爱恋 • 张震鬼故事 • 第一次亲密接触
改变索引值为偶数的<li>元素的背景颜色	$("li:even") .css("background-color","#09F")	网络小说 • 王妃不好当 • 致命交易 • 迦兰寺 • 逆天之宠 • 交错时光的爱恋 • 张震鬼故事 • 第一次亲密接触
改变索引值小于 1 的<li>元素的背景颜色	$("li:lt(1)") .css("background-color","#09F")	网络小说 • 王妃不好当 • 致命交易 • 迦兰寺 • 逆天之宠 • 交错时光的爱恋 • 张震鬼故事 • 第一次亲密接触
改变所有标题元素的背景颜色，如改变<h1>，<h2>，<h3>等元素的背景颜色	$(":header") .css("background-color","#09F")	网络小说 • 王妃不好当 • 致命交易 • 迦兰寺 • 逆天之宠 • 交错时光的爱恋 • 张震鬼故事 • 第一次亲密接触

下面使用基本过滤选择器制作一个网页中常见的隔行变色的表格，代码如示例 4 所示。

示例 4

```
<!--省略部分代码-->
<style type="text/css">
td {padding:8px; }
</style>
<script type="text/javascript">
$(document).ready(function(){
        $("tr:even").css("background-color","#F63");
});
</script>
</head>
<body>
<table width="100%" border="1" cellspacing="0">
      <tr>
          <th>序号</th>
          <th>名称</th>
          <th>发团时间</th>
          <th>价格</th>
      </tr>
      <tr>
         <td>1</td>
         <td>昆明-大理-丽江双飞 6 日游</td>
         <td>2013 年 7 月 18 日</td>
         <td>3409 元起</td>
    </tr>
    <tr>
       <td>2</td>
       <td>桂林-龙脊梯田-阳朔双卧 6 日游</td>
       <td>2013 年 7 月 21 日</td>
       <td>1778 元起</td>
    </tr>
    <!--省略部分代码-->
</table>
</body>
</html>
```

其运行结果如图 4.9 所示。

序号	名称	发团时间	价格
1	昆明-大理-丽江双飞6日游	2013年7月18日	3409元起
2	桂林-龙脊梯田-阳朔双卧6日游	2013年7月21日	1778元起
3	厦门-鼓浪屿双飞4日游	2013年8月6日	2734元起
4	西双版纳-玉溪-昆明双飞6日游	2013年8月12日	3546元起

图 4.9　隔行变色的表格

jQuery 的基本过滤选择器是通过元素所处的位置来获取元素的。此外，从隔行变色的表格可以看出，在 jQuery 中，因为有了选择器，所以使得在 JavaScript 中异常复杂的操作，变得更加简单且易于理解。

jQuery 选择器除了可以通过 CSS 选择器、位置选取元素外，还能够通过元素的显示状态，即元素显示或者隐藏来选取元素。在 jQuery 中，通过元素显示状态选取元素的选择器称为可见性过滤选择器。可见性过滤器的详细说明如表 4-9 所示。

表 4-9　可见性过滤选择器的详细说明

选择器	描述	返回值	示例
:visible	选取所有可见的元素	集合元素	$(":visible")选取所有可见的元素
:hidden	选取所有隐藏的元素	集合元素	$(":hidden")选取所有隐藏的元素

在使用 jQuery 选择器时，有一些问题是必须注意的，否则无法显示正确的效果。这些问题归纳如下：

（1）选择器中含有特殊符号的注意事项。

在 W3C 规范中，规定属性值中不能含有某些特殊字符，但在实际开发过程中，可能会遇到表达式中含有“#”和“.”等特殊字符的情况，如果按照普通的方式去处理就会出错。解决此类错误的方法是使用转义符转义。

HTML 代码如下：

```
<div id="id#a">aa</div>
<div id="id[2]">cc</div>
```

按照普通的方式来获取，例如：

```
$("#id#a");
$("#id[2]");
```

以上代码不能正确获取到元素，正确的写法如下：

```
$("#id\\#a");
$("#id\\[2\\]");
```

（2）选择器中含有空格的注意事项。

选择器中的空格也是不容忽视的，多一个空格或少一个空格，可能会得到截然不同的结果。

如 HTML 代码如下：

```
<div class="test">
        <div style="display:none;">aa</div>
        <div style="display:none;">bb</div>
        <div style="display:none;">cc</div>
        <div class="test" style="display:none;">dd</div>
 </div>
<div class="test" style="display:none;">ee</div>
<div class="test" style="display:none;">ff</div>
```

使用如下 jQuery 选择器分别来获取它们：

```
var $t_a = $(".test :hidden");              //带空格的 jQuery 选择器
var $t_b = $(".test:hidden");               //不带空格的 jQuery 选择器
var len_a = $t_a.length;
```

```
var len_b = $t_b.length;
alert("$('.test :hidden') = "+len_a);          //输出 4
alert("$('.test:hidden') = "+len_b);           //输出 3
```

之所以会出现不同结果，是因为后代选择器与过滤选择器存在不同。

```
var $t_a = $(".test :hidden");                 //带空格的 jQuery 选择器
```

以上代码选取的是 class 为“text”的元素内部的隐藏元素。

而代码：

```
var $t_b = $(".test:hidden");                  //不带空格的 jQuery 选择器
```

选取的是隐藏的 class 为“text”的元素。

操作案例 1：制作非缘勿扰页面特效

需求描述

制作如图 4.10 所示的剧情介绍页面，按如下要求完成页面交互特效：

- 使用标签选择器获取<dt>元素，单击它后为所有<strong>元素中的文本添加色值为#FF0099 的字体颜色。
- 使用类选择器获取排版“导演”的元素，单击它后设置文字“赖水清”为加粗。
- 使用 ID 选择器获取排版“标签”的元素，单击它后设置文字“苏有朋”和“2013”的背景颜色为#E0F8EA，字体颜色为#10A14B，并且文字与背景颜色边缘间距为 2px。
- 使用属性选择器获取“收藏”元素，单击它后弹出对话框，显示信息为“您已收藏成功！”。

完成效果

效果如图 4.10 所示。

图 4.10　非缘勿扰页面

技能要点

- 使用基本选择器选取元素。
- 使用层次选择器选取元素。
- 使用属性选择器选取元素。
- 使用 css()方法为元素添加样式。

实现步骤

（1）在新建的 HTML 文档中引入 jQuery 库。

（2）使用$(document).ready()创建文档加载事件。

（3）按要求使用$()选取所需元素。

（4）为获取的元素添加单击事件，并为事件添加处理事件的方法。

（5）使用 css()方法为所选取的元素添加 CSS 样式。

关键代码

单击“收藏”元素后的关键代码如下所示：

```
$(document).ready(function(){
    //省略部分代码
    $("img[alt=收藏本片]").click(function(){
            alert("您已收藏成功！");
    });
});
```

操作案例 2：制作美化近期热门栏目特效

需求描述

制作“近期热门栏目”的页面，页面加载后，具体要求如下：

- 列表项索引为偶数的行背景颜色的色值为#CCC。
- “宿醉”所在列表项背景颜色的色值为#FF99CC。

完成效果

效果如图 4.11 所示。

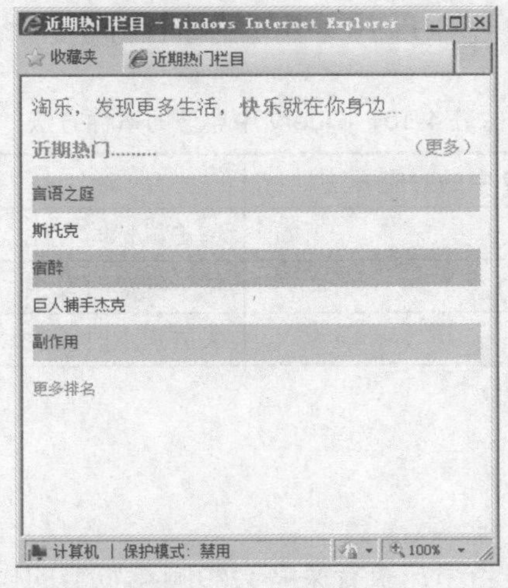

图 4.11　近期热门栏目

技能要点

- 使用基本过滤选择器选取元素。
- 使用 css()方法为元素添加样式。

关键代码

```
$('tr:even').css("background-color","#CCC").eq(1).css("background-color",'#FF99CC');
```

2 jQuery 事件

众所周知，页面在加载时，会触发 load 事件；当用户单击某个按钮时，会触发该按钮的 click 事件。这些事件就像日常生活中，人们按下开关灯就亮了（或者灭了），往游戏机里投入游戏币就可以启动游戏一样，通过种种事件实现各项功能或执行某项操作。事件在元素对象与功能代码中起着重要的桥梁作用。

2.1 事件概述

在 jQuery 中，事件总体分为两大类：简单事件和复合事件。jQuery 中的简单事件，与 JavaScript 中的事件几乎一样，都含有 window 事件、鼠标事件、键盘事件、表单事件等，只是其对应的方法名称有略微不同。复合事件则是截取组合了用户操作，并且以多个函数作为响应而自定义的处理程序。

在 JavaScript 中，常用的基础事件有 window 事件、鼠标事件、键盘事件和表单事件。绑定事件和事件处理函数的语法格式如下：

```
事件名="函数名()";
```

或者

```
DOM 对象.事件名=函数;
```

在事件绑定处理函数后，可以通过“DOM 对象.事件名()”的方式显示调用处理函数。

在 jQuery 中，基础事件和 JavaScript 中的事件一致，它提供了特有的事件方法将事件和处理函数绑定。表 4-10 列举了一些 jQuery 中典型的事件方法。

表 4-10 jQuery 中典型的事件方法

事件	jQuery 中的对应方法	说明
单击事件	click(fn)	单击鼠标时发生，fn 表示绑定的函数
按下键盘触发事件	keydown(fn)	按下键盘时发生，fn 表示绑定的函数
失去焦点事件	blur(fn)	失去焦点时发生，fn 表示绑定的函数

2.2 window 事件

所谓 window 事件，就是当用户执行某些会影响浏览器的操作时，而触发的事件。例如，打开网页时加载页面、关闭窗口、调节窗口大小、移动窗口等操作引发的事件处理。在 jQuery 中，常用的 window 事件有文档就绪事件，它对应的方法是 ready()，这个方法我们一直使用，相信大家已经对此非常熟悉了，下面来介绍其他几个基础事件的使用方法。

2.3　鼠标事件

鼠标事件顾名思义就是当用户在文档上移动或单击鼠标时而产生的事件。常用的鼠标事件有 click()、mouseover()和 mouseout()。常用鼠标事件的方法如表 4-11 所示。

表 4-11　常用鼠标事件的方法

方法	描述	执行时机
click()	触发或将函数绑定到指定元素的 click 事件	单击鼠标时
mouseover()	触发或将函数绑定到指定元素的 mouseover 事件	鼠标指针移过时
mouseout()	触发或将函数绑定到指定元素的 mouseout 事件	鼠标指针移出时

下面使用 mouseover()方法与 mouseout()方法，制作一个主导航特效，如图 4.12 所示，鼠标指针移过时，添加当前导航项的背景，鼠标指针移出时，还原当前导航项的背景样式。

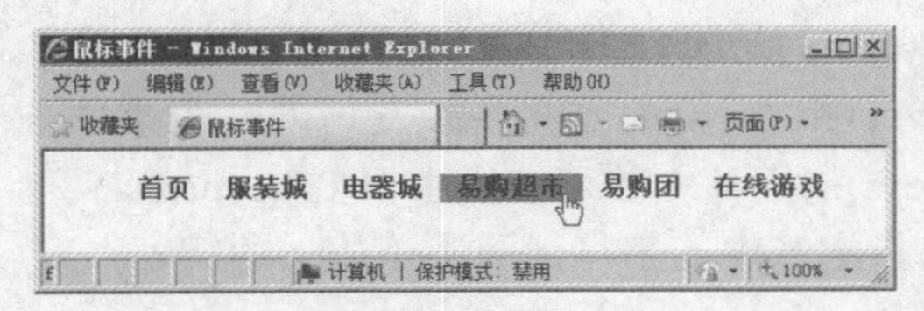

（a）鼠标指针移过时

（b）鼠标指针移出时

图 4.12　主导航特效

实现图 4.12 效果的代码如示例 5 所示。

示例 5

```
<--!省略部分代码-->
<script type="text/javascript">
$(document).ready(function() {
    $("#nav li").mouseover(function() {                //当鼠标指针移过#nav li 元素时
        $(this). addClass("heightlight");              //为鼠标指针所在 li 元素添加样式
    });
    $("#nav li").mouseout(function() {                 //当鼠标指针移出#nav li 元素时
        $(this).removeClass();                         //移除鼠标指针所在 li 元素的全部样式
    });
});
</script>
</head>
<body>
<div id="nav">
  <ul>
      <li><a href="#">首页</a></li>
      <li><a href="#">服装城</a></li>
      <li><a href="#">电器城</a></li>
```

```
        <li><a href="#">易购超市</a></li>
        <li><a href="#">易购团</a></li>
        <li><a href="#">在线游戏</a></li>
    </ul>
</div>
<--!省略部分代码-->
```

在方法内部，this 指向调用这个方法的 DOM 对象，在上述代码中，this 正好代表鼠标事件关联的#nav li 元素。

在 Web 应用中，鼠标事件非常重要，它们在改善用户体验方面功不可没。鼠标事件常常被用于网站导航、下拉菜单、选项卡、轮播广告等网页组件的交互制作之中。

2.4 键盘事件

键盘事件指当键盘聚焦到 Web 浏览器时，用户每次按下或者释放键盘上的按键都会产生事件。常用的键盘事件有 keydown()、keyup()和 keypress()。

keydown()事件发生在键盘被按下的时候，keyup()是事件发生在键盘被释放的时候。当 keydown()事件产生可打印的字符时，在 keydown()和 keyup()之间会触发另外一个事件——keypress()事件。当按下键重复产生字符时，在 keyup()事件之前可能产生很多 keypress()事件。keypress()是较为高级的文本事件，它的事件对象指定产生的字符，而不是按下的键。

常用键盘事件的方法如表 4-12 所示。

表 4-12　常用键盘事件的方法

方法	描述	执行时机
keydown()	触发或将函数绑定到指定元素的 keydown 事件	按下按键时
keyup()	触发或将函数绑定到指定元素的 keyup 事件	释放按键时
keypress()	触发或将函数绑定到指定元素的 keypress 事件	产生可打印的字符时

键盘事件常用于类似淘宝搜索框中的自动提示、快捷键的判断、表单字段校验等场合。

2.5 表单事件

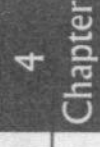

表单事件是所有事件类型中最稳定，且支持最稳定的事件之一。除了用户选取单选框、复选框产生的 click 事件外，当元素获得焦点时，会触发 focus 事件，失去焦点时，会触发 blur 事件。常用表单事件的方法如表 4-13 所示。

表 4-13　常用表单事件的方法

方法	描述	执行时机
focus()	触发或将函数绑定到指定元素的 focus 事件	获得焦点
blur()	触发或将函数绑定到指定元素的 blur 事件	失去焦点

下面使用 focus()方法与 blur()方法，制作一个如图 4.13 所示的表单交互特效。需完成的效

果是“用户名”文本框获得焦点时，背景颜色为#ccc，文本框失去焦点时，背景颜色的色值为#fff。

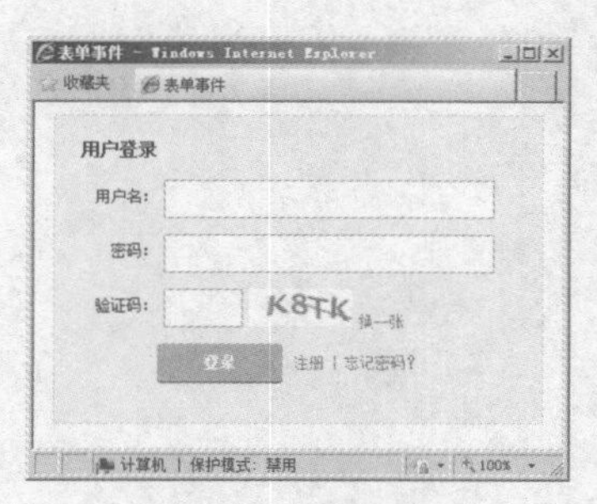

（a）获得焦点前

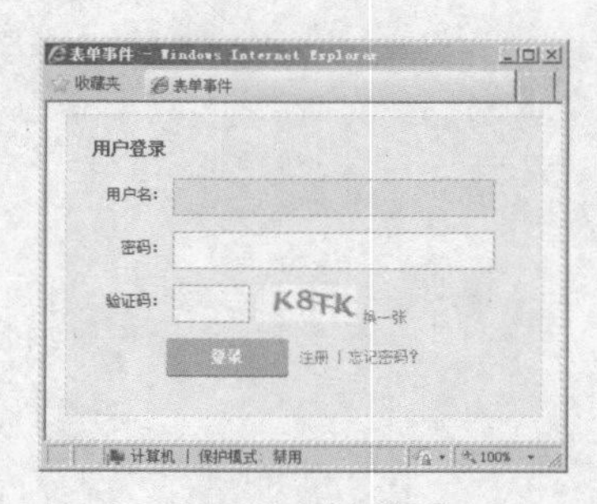

（b）获得焦点后

图 4.13　登录框特效

实现效果的代码如示例 6 所示。

示例 6

```
<script type="text/javascript">
$(document).ready(function() {
    $("[name=member]").focus(function() {          //当 name 属性值为 member 的元素获得焦点时
            $(this).addClass("input_focus");        //为该元素添加类样式.input_focus
    });
    $("[name=member]").blur(function() {           //当 name 属性值为 member 的元素失去焦点时
            $(this).removeClass("input_focus");     //为该元素移除类样式.input_focus
    });
   <--!省略部分代码-->
});
</script>
```

其中用户名输入框的 name 属性值为 member。

在上例代码中，removeClass()是一个与 addClass()（或者 CSS()）相对的方法，作用是移除添加在元素上的类样式，两者导入类样式的语法无区别。

操作案例 3：制作左导航特效

需求描述

制作某页面的左导航特效。要求初始状态下，只显示“购物特权”主菜单，单击“购物特权”选项后显示其下的列表内容，鼠标指针移动到子菜单上时，子菜单添加上背景色。

完成效果

效果如图 4.14 所示。

技能要点

- 使用鼠标事件完成特效。
- 使用 addClass()方法为元素添加样式。

图 4.14　左导航特效

关键代码

- 单击一级导航“购物特权”，实现显示和隐藏二级导航，关键代码如下：

```
$("#nav .navsBox .firstNav").click(function(){
    var $list = $("#nav .navsBox ul");
    if($list.css("display") == "block")
        $list.css("display","none");
    else
        $list.css("display","block");
});
```

- 为该元素添加类样式.onbg，代码如下：

```
$(this).addClass("onbg");
```

2.6　绑定事件与移除事件

在 jQuery 中，绑定事件与移除事件也属于基础事件，它们主要用于绑定或移除其他基础事件，如 click、mouseover、mouseout 和 blur 等，也可以绑定或移除自定义事件。

需要为匹配的元素一次性绑定或移除一个或多个事件时，可以使用绑定事件方法 bind() 和移除事件方法 unbind()。

如果需要为匹配的元素同时绑定一个或多个事件，可以使用 bind()方法，其语法格式如下：

```
bind(type,[data],fn)
```

bind()方法有 3 个参数，其中参数 data 不是必需的，详细说明如表 4-14 所示。

表 4-14　bind()方法的参数说明

参数类型	参数含义	描述
type	事件类型	主要包括 blur、focus、click、mouseout 等基础事件，此外，还可以是自定义事件
[data]	可选参数	作为 event.data 属性值传递给事件对象的额外数据对象，该参数不是必需的
fn	处理函数	用来绑定的处理函数

（1）绑定单个事件。

假设需要完成单击按钮，为所有<p>元素添加#F30 背景色，可以使用 click()，也可以使用

bind()。下面使用 bind()方法完成该功能的关键代码如下所示：

```
<script type="text/javascript">
$(document).ready(function() {
    $("input[name=event_1]").bind("click",function() {
        $("p").css("background-color","#F30");
    });
});
</script>
```

其运行效果如图 4.15 所示。

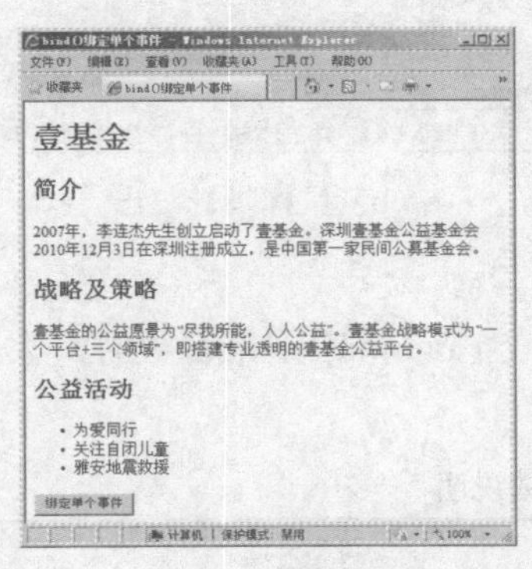

（a）初始页面

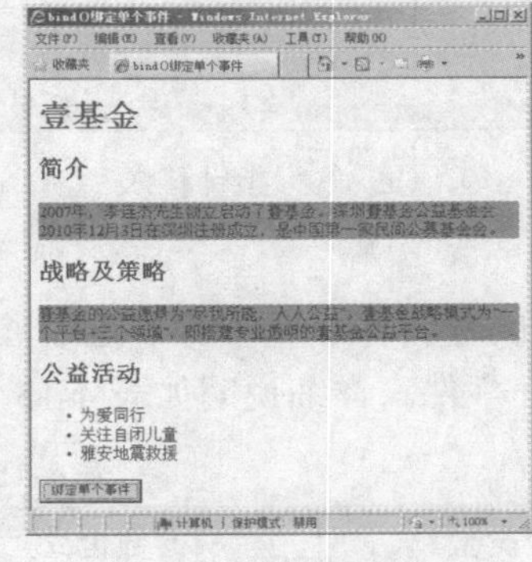

（b）事件响应

图 4.15　绑定单个事件应用

（2）同时绑定多个事件。

使用 bind()方法不仅可以一次绑定一个事件，还可以同时绑定多个事件。下面使用 bind()方法为匹配的元素同时绑定多个事件，如图 4.16 所示，要求鼠标移过按钮时，隐藏“公益活动”下的无序列表，鼠标移出时，显示该无序列表，关键代码如下所示：

```
<--!省略部分代码-->
$(document).ready(function() {
    $("input[name=event_1]").bind({
        mouseover: function() {
            $("ul").css("display", "none");
        },
        mouseout: function() {
            $("ul").css("display", "block");
        }
    });
})
<--!省略部分代码-->
```

其运行效果如图 4.16 所示。

（3）移除事件。

移除事件与绑定事件是相对的，在 jQuery 中，为匹配的元素移除单个或多个事件，可以使用 unbind()方法，其语法格式如下：

```
unbind([type],[fn])
```

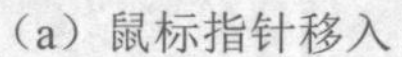

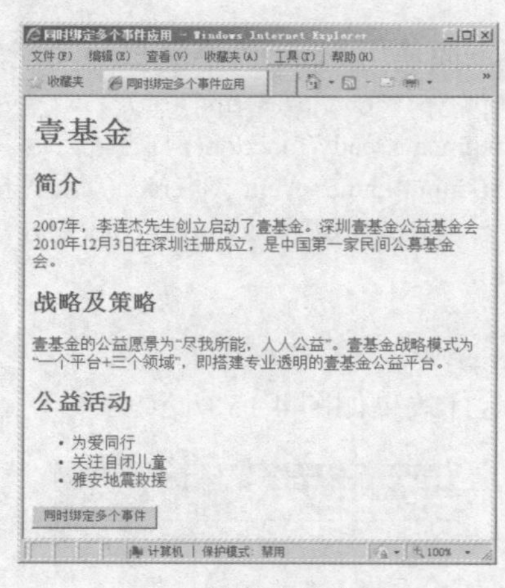

（a）鼠标指针移入　　　　（b）鼠标指针移出

图 4.16　绑定多个事件应用

unbind()方法有 2 个参数，这 2 个参数不是必需的，当 unbind()不带参数时，表示移除所绑定的全部事件。详细说明如表 4-15 所示。

表 4-15　unbind()方法的参数说明

参数类型	参数含义	描述
[type]	事件类型	主要包括 blur、focus、click、mouseout 等基础事件，此外，还可以是自定义事件
[fn]	处理函数	用来解除绑定的处理函数

2.7　复合事件

在 jQuery 中有两个复合事件方法——hover()和 toggle()方法，这两个方法与 ready()类似，都是 jQuery 自定义的方法。

在 jQuery 中，hover()方法用于模拟鼠标指针悬停事件。当鼠标指针移动到元素上时，会触发指定的第 1 个函数（enter）；当鼠标指针移出这个元素时，会触发指定的第 2 个函数（leave），该方法相当于 mouseover 与 mouseout 事件的组合。其语法格式如下：

```
hover(enter,leave);
```

下面使用 hover()方法实现如图 4.17 所示的效果。要求鼠标指针移过“我的宜美惠”时，显示下拉菜单。

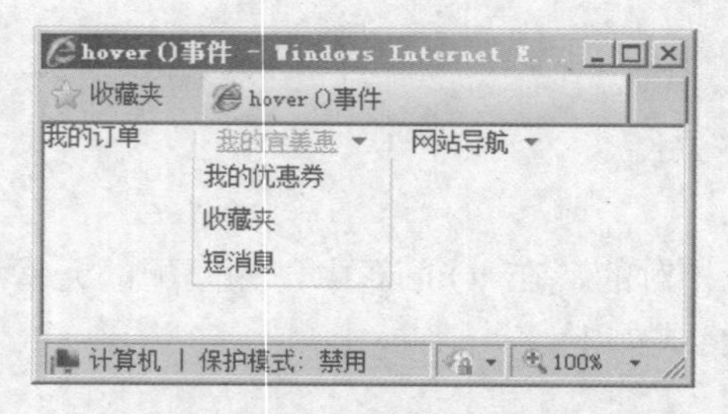

图 4.17　使用 hover()方法实现下拉菜单

其 jQuery 代码如示例 7 所示。

示例 7

```
$(document).ready(function() {
        $("#myaccound").hover(function() {
                    $("#menu_1").css("display","block");
                },function(){
                        $("#menu_1").css("display","none");
        });
});
```

在 jQuery 中，toggle()方法用于模拟鼠标连续 click 事件。第一次单击元素，触发指定的第一个函数（fn1）；当再次单击同一个元素时，则触发指定的第二个函数（fn2）；如果有更多函数，则依次触发，直到最后一个。随后的每次单击都重复对这几个函数的轮番调用。

toggle()方法的语法格式如下：

```
toggle(fn1,fn2,...,fnN);
```

示例 8 的 jQuery 代码展示了点击页面内容，页面背景按红、绿、蓝的顺序循环切换的功能。

示例 8

```
<--!省略部分代码-->
$(document).ready(function() {
    $("body").toggle(
        function() {
            $(this).css("backgroundColor", "red");
        },
        function() {
            $(this).css("backgroundColor", "green");
        },
        function() {
            $(this).css("backgroundColor", "blue");
        }
        );
})
```

操作案例 4：制作团购网主导航

需求描述

制作如图 4.18 所示的页面。鼠标指针移过导航项时，鼠标指针所处的导航项改变背景图像。

完成效果

效果如图 4.18 所示。

技能要点

- 使用 hover()事件完成特效。
- 使用 addClass()方法为元素添加样式。

● 使用 removeClass()方法移除元素样式。

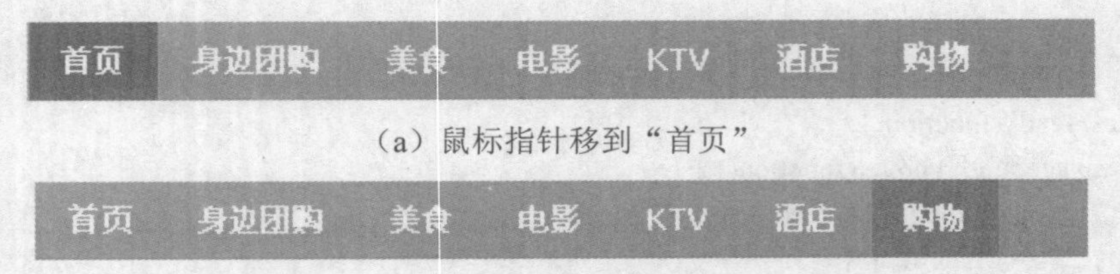

（a）鼠标指针移到“首页”

（b）鼠标指针移过导航项

图 4.18　团购网主导航

关键代码

添加和移除特效的关键代码如下。

```
$("#menu li").hover(function() {
        $(this).addClass("on");
    },function(){
      $(this).removeClass("on");        //移除样式
});
```

本章总结

● 常用的选择器有：标签选择器、类选择器、ID 选择器、并集选择器。
● 基础事件包括：window 事件、鼠标事件、键盘事件、表单事件。
● 复合事件包括：hover()、toggle()。

本章作业

1．从下面一段 HTML 文档中，获取加粗的元素有哪几种方式，尽量写出各种 jQuery 选择器。

```
<div id="container" style="display:none">
    <div id="chapter-number">2</div>
    <h1>Selectors</h1>
    <h1 class="subtitle">How to Get Anything You Want</h1>
    <h2>Selected ShakeSpeare Plays</h2>
    <div>
        <ul>
            <li id="part_li">Part I</li>
            <li>Part II</li>
        </ul>
        <ul>
            <li>Part I</li>
            <li>Part II</li>
        </ul>
    </div>
</div>
```

2．运用了 CSS 选择器规则的 jQuery 选择器有哪些？

3．jQuery 中有哪些基础事件方法？

4．制作如图 4.19 所示的页面，当页面加载完毕时，表格隔行变色，背景颜色的色值为 #ECF8FD。

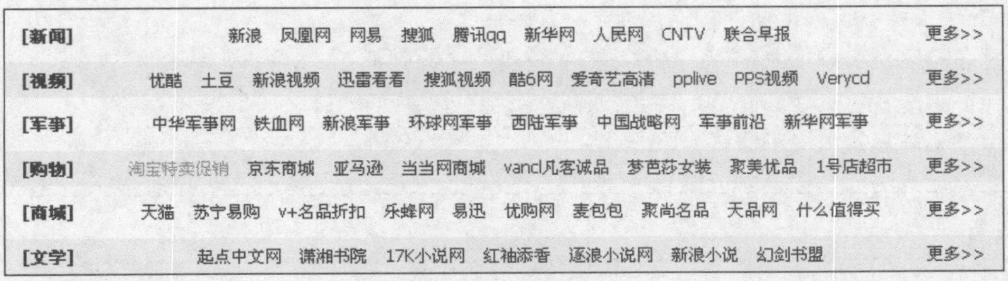

[新闻] 新浪 凤凰网 网易 搜狐 腾讯qq 新华网 人民网 CNTV 联合早报 更多>>
[视频] 优酷 土豆 新浪视频 迅雷看看 搜狐视频 酷6网 爱奇艺高清 pplive PPS视频 Verycd 更多>>
[军事] 中华军事网 铁血网 新浪军事 环球网军事 西陆军事 中国战略网 军事前沿 新华网军事 更多>>
[购物] 淘宝特卖促销 京东商城 亚马逊 当当网商城 vancl凡客诚品 梦芭莎女装 聚美优品 1号店超市 更多>>
[商城] 天猫 苏宁易购 v+名品折扣 乐蜂网 易迅 优购网 麦包包 聚尚名品 天品网 什么值得买 更多>>
[文学] 起点中文网 潇湘书院 17K小说网 红袖添香 逐浪小说网 新浪小说 幻剑书盟 更多>>

图 4.19　隔行变色的表格

5．在如图 4.20 所示的页面中，当“用户名”或“密码”文本框获得焦点时，各自文本框出现边框特效（颜色变化），失去焦点时，边框特效消失（页面效果等参考电子素材）。

登录当当网
还不是当当网用户？
立即注册
用户名
密 码
忘记密码
验证码
hUyS
换张图
登 录
使用合作网站登录当当：
支付宝
QQ
新浪微博
网易
人人网
百度
MSN
飞信
139邮箱
江苏移动

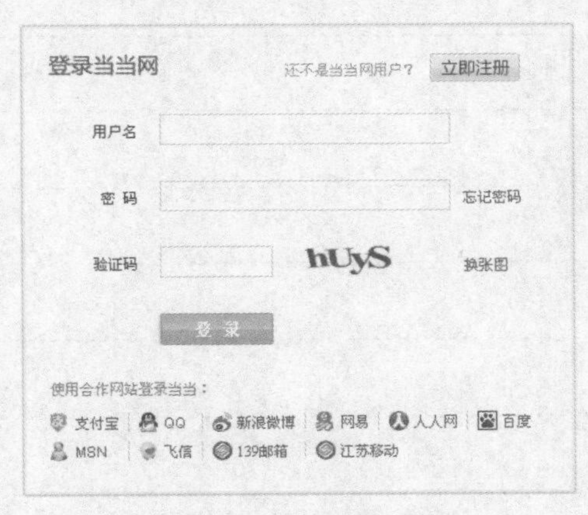

图 4.20　登录表单初始页面

6．请登录课工场，按要求完成预习作业。

随手笔记

第 5 章

jQuery 遍历和特效动画

本章技能目标

- 掌握使用节点遍历的方法查询页面元素
- 掌握使用显示隐藏方法制作网页特效
- 掌握使用淡入淡出方法制作网页特效
- 掌握使用 jQuery 制作动画

本章简介

DOM 为文档提供了一种结构化的表示方式，通过操作 DOM 可以改变文档的内容和展现形式。在实际运用中，DOM 更像是一座桥梁，通过它可以实现跨平台、跨语言的标准访问。同时，只有能够灵活控制 DOM 元素，才能在这些元素上增加各种特效。

本章将进一步介绍如何使用 jQuery 操作 DOM 中的各种元素和对象，进行各种动画效果的实现，例如淡入淡出效果、显示隐藏效果等。

1 jQuery 中的 DOM 遍历

前面的章节中，我们已经学习了 JavaScript DOM 编程的基本知识，使用 DOM 操作 HTML 文档动态地改变文档结构，通过对元素及属性的操作改变文档的 CSS 样式等。jQuery 作为 JavaScript 程序库，继承并发扬了 JavaScript 对 DOM 对象的操作特性，使开发人员能方便地操作 DOM 对象。下面来看看在 jQuery 中有哪些 DOM 操作。

1.1 jQuery 中的 DOM 操作概述

jQuery 中的 DOM 操作主要可分为：

- 样式操作。
- 内容操作（即文本和 value 属性值操作）。
- 节点操作：
  - 属性操作；
  - 节点遍历；
  - CSS-DOM 操作。

其中最核心的部分是节点操作和节点遍历。

下面通过如图 5.1 所示的 jQuery 中的 DOM 操作理清相关的知识结构，以帮助大家更有效地学习 jQuery 中的 DOM 操作，理清思路。

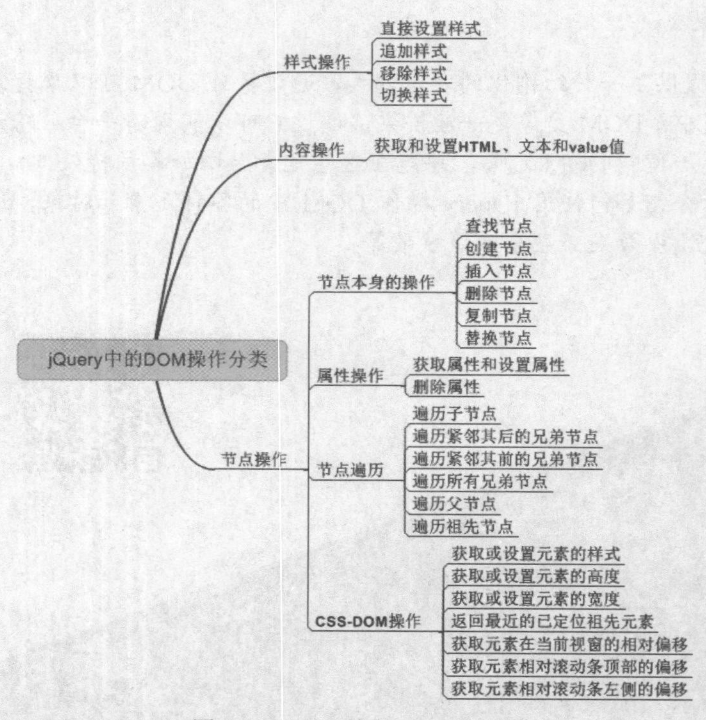

图 5.1 jQuery 中的 DOM 操作

在前面的章节中，已经对样式操作进行了详细的讲解学习，这里不再赘述。本节主要介绍节点操作，包括节点本身的操作、属性操作以及节点遍历，并且重点内容是节点遍历。

上网冲浪时，使用最多的功能就是增、删、改、查，如增加或删除购物车内商品的数量，修改发布的日志，查找某一条发布的腾讯空间说说等。在 jQuery 的 DOM 操作中，同样提供了相应的操作方法，不仅如此，还提供了复制节点的方法。jQuery 中节点与属性操作是 jQuery 操作 DOM 的核心内容，非常重要，学好并掌握这部分的内容，能让大家在日后的开发过程中事半功倍。

jQuery 对于节点的操作主要分为两种类型，一种是对节点本身的操作，另一种是对节点中属性节点的操作。学习 DOM 模型的时候，大家应该已经十分清楚了，DOM 模型中的节点类型分为元素节点、文本节点和属性节点，文本节点与属性节点都包含在元素节点之中，它们都是 DOM 中的节点类型，只是相对特殊。下面就分别从节点操作和属性操作两大方面来详细介绍 jQuery 中的节点与属性操作。

1.2 节点操作

在 jQuery 中，节点操作主要分为查找、创建、插入、删除、替换和复制 6 种操作方式。其中，查找、创建、插入、删除和替换节点是日常开发中使用最多，也是最为重要的。

为了更好地理解节点操作，首先设计一个如图 5.2 所示的页面。

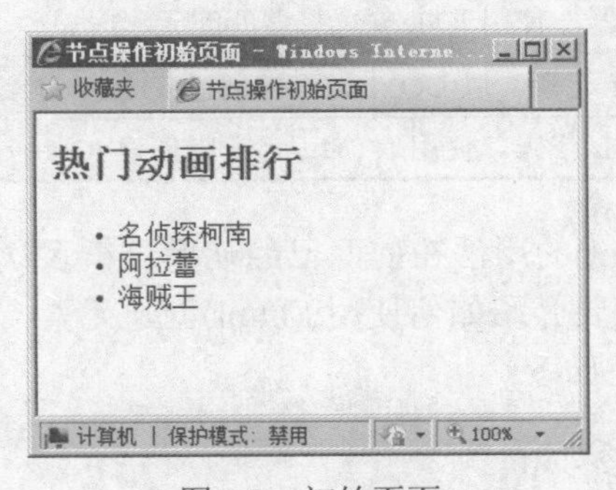

图 5.2 初始页面

其主要 HTML 代码如示例 1 所示。

示例 1

```
<h2>热门动画排行</h2>
<ul>
   <li>名侦探柯南</li>
   <li>阿拉蕾</li>
   <li>海贼王</li>
</ul>
```

下面首先看看如何使用 jQuery 查找节点。

1.2.1 查找节点

要想对节点进行操作，即增、删、改和复制，首先必须找到要操作的元素。在 jQuery 中，获取元素，可以使用 jQuery 选择器。其代码如下：

```
$("h2").hide()                                  //获取<h2>元素，并将其隐藏
$("li").css("background-color","blue")          //获取<li>元素，并为其添加背景颜色
```

关于使用选择器获取元素在本书的前面章节已经详细讲解过了，在这就不再重复介绍了。

1.2.2 创建节点元素

在第 3 章讲解 jQuery 的语法时，讲解过函数$()。该函数是用于将匹配到的 DOM 元素转换为 jQuery 对象，它就好像一个零配件的生产工厂，所以被形象地称为工厂函数。$()方法的语法格式如下：

```
$(selector)
```

或者

```
$(element)
```

或者

```
$(html)
```

其参数说明如表 5-1 所示。

表 5-1 $()的参数说明

参数	描述
selector	选择器。使用 jQuery 选择器匹配元素
element	DOM 元素。以 DOM 元素来创建 jQuery 对象
html	HTML 代码。使用 HTML 字符串创建 jQuery 对象

关于$(selector)与$(element)的用法在前面已经使用过很多次了，如$("li")和$(document)，本章就不再详细讲解，此处主要介绍如何使用$(html)创建元素。下面使用$(html)创建 3 个新的<li>元素节点，其 jQuery 代码如下：

```
var $newNode=$("<li></li>");                                //创建空的<li>元素节点
var $newNode1=$("<li>死神</li>");                           //创建含文本的<li>元素节点
var $newNode2=$("<li title='标题为千与千寻'>千与千寻</li>");  //创建含文本与属性的<li>元素节点
```

这相当于在工厂函数$()中直接写了一段 HTML 代码，该代码使用双引号包裹，属性值使用单引号包裹，这样就创建了一个新元素。以上 jQuery 代码仅是创建了一个新元素，而并未将该元素添加到 DOM 文档中，要想新增一个节点，必须把创建好的新元素，插入到 DOM 文档中。下面就来介绍如何将创建好的新元素插入到 DOM 中，形成一个新的 DOM 节点。

1.2.3 插入节点

在 jQuery 中，要想实现动态地新增节点，必须对创建的节点执行插入或追加操作，而 jQuery 提供了多种方法实现节点的插入。从插入方式上主要分为两大类：内部插入节点和外部插入节点。下面将新创建的节点$newNode1 插入至如图 5.2 所示的无序列表中，其对应的具体方法如表 5-2 所示。

表 5-2　插入节点方法示例

插入方式	方法	描述	运行结果
内部插入	append (content)	向所选择的元素内部插入内容，即$(A).append(B)表示将 B 追加到 A 中，如 **$("ul").append($newNode1);**	热门动画排行 • 名侦探柯南 • 阿拉蕾 • 海贼王 • 死神
	appendTo (content)	把所选择的元素追加到另一个指定的元素集合中，即$(A).appendTo(B)表示把 A 追加到 B 中，如 **$($newNode1).appendTo("ul");**	
	prepend (content)	向每个选择的元素内部前置内容，即$(A).prepend (B)表示将 B 追加到 A 中，如 **$("ul").prepend($newNode1);**	热门动画排行 • 死神 • 名侦探柯南 • 阿拉蕾 • 海贼王
	prependTo (content)	将所有匹配元素前置到指定的元素中。该方法仅颠倒了常规 prepend()插入元素的操作，即$(A). prependTo(B)表示将 A 前置到 B 中，如 **$($newNode1).prependTo("ul");**	
外部插入	after (content)	在每个匹配的元素之后插入内容，即$(A).after(B)表示将 B 插入到 A 之后，如 **$("ul").after($newNode1);**	热门动画排行 • 名侦探柯南 • 阿拉蕾 • 海贼王 死神
	insertAfter (content)	将所有匹配元素插入到指定元素的后面。该方法仅颠倒了常规 after()插入元素的操作，即$(A). insertAfter(B)表示将 A 插入到 B 之后，如 **$($newNode1).insertAfter("ul");**	
	before (content)	向所选择的元素外部前面插入内容，即$(A).before (B)表示将 B 插入至 A 之前，如 **$("ul").before($newNode1);**	热门动画排行 死神 • 名侦探柯南 • 阿拉蕾 • 海贼王
	insertBefore (content)	将所匹配的元素插入到指定元素的前面，该方法仅是颠倒了常规 before()插入元素的操作，即$(A). insertBefore (B)表示将 A 插入到 B 之前，如 **$($newNode1).insertBefore("ul");**	

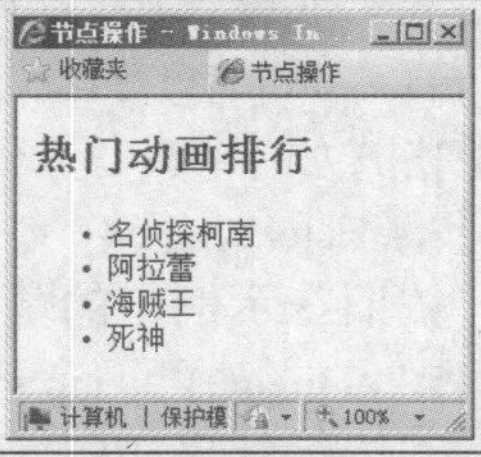

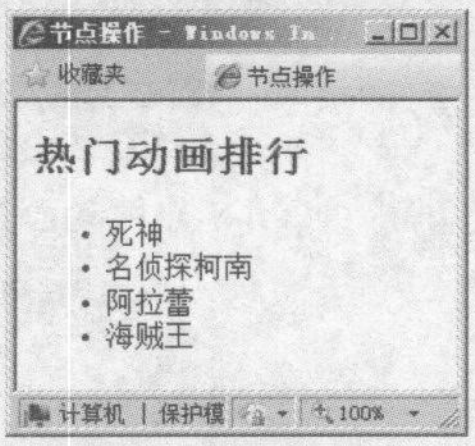

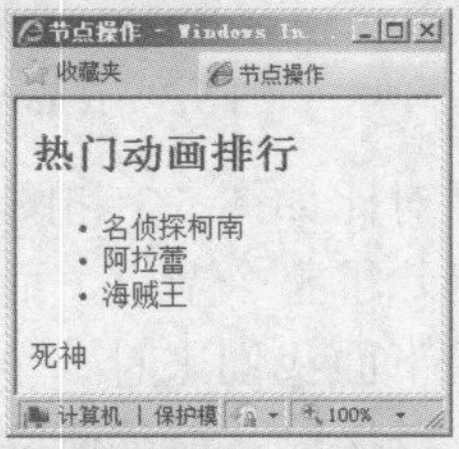

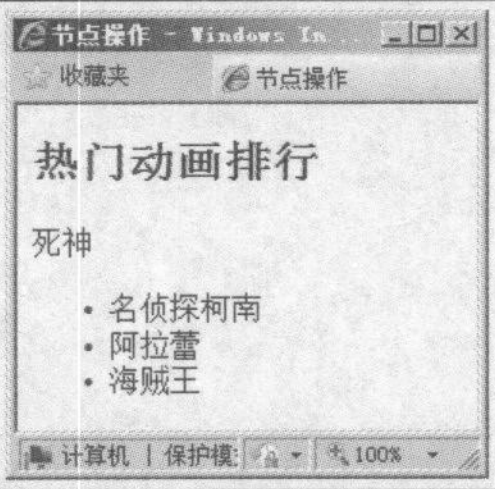

1.2.4　删除节点

在操作 DOM 时，删除多余或指定的页面元素是非常必要的。好比小明在别人微博上刚写了一条回复，又感觉措辞不够妥当，必须删除一样，删除也是 DOM 操作中必不可缺的操作之一。jQuery 提供了 remove()、detach()和 empty()三种删除节点的方法，其中 detach()使用频率不太高，了解即可。

下面首先介绍 remove()方法。该方法用于移除匹配元素，移除的内容包括匹配元素包含的文本和子节点，其语法格式如下：

```
$(selector).remove([expr])
```

其参数 expr 为可选项，如果接受参数，则该参数为筛选元素的 jQuery 表达式，通过该表达式获取指定元素，并进行删除。

在示例 1 的基础上删除“阿拉蕾”，则 jQuery 代码如下：

```
$("ul li:eq(1)").remove();
```

其运行结果如图 5.3 所示。

除了能够使用 remove()方法移除 DOM 中的节点外，还可以使用 empty()方法。严格意义上而言，empty()方法并不是删除节点，而是清空节点，它能清空元素中的所有后代节点。其语法格式如下：

```
$(selector).empty()
```

依旧在示例 1 的基础上清空“阿拉蕾”，jQuery 代码如下：

```
$("ul li:eq(1)").empty();
```

其运行结果如图 5.4 所示。

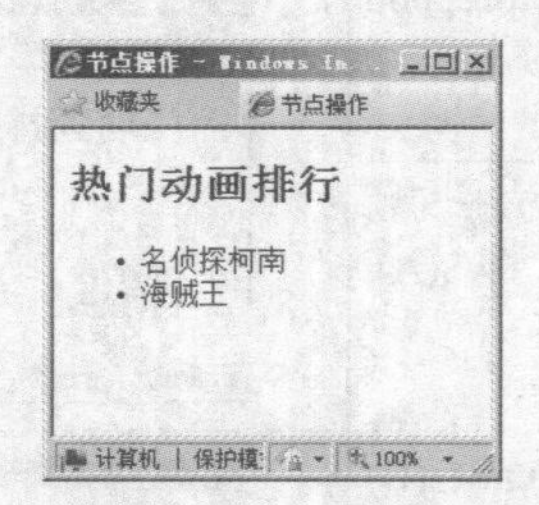

图 5.3　remove()方法的应用

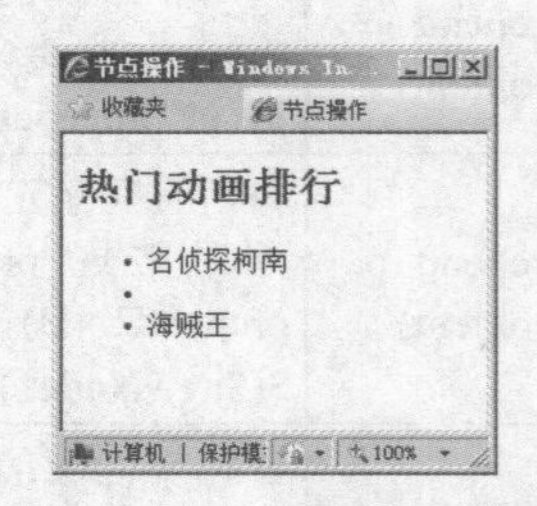

图 5.4　empty()方法的应用

对比如图 5.3 和图 5.4 所示的效果不难发现，remove()方法与 empty()方法的区别就在于前者删除了整个节点，而后者仅删除了节点中的内容。

下面我们来看一个常见的案例，制作如图 5.5 所示的页面。单击每条商品信息后面的“删除”链接时，能够删除对应的商品信息，单击“增加”链接时，能够增加一条新商品信息。

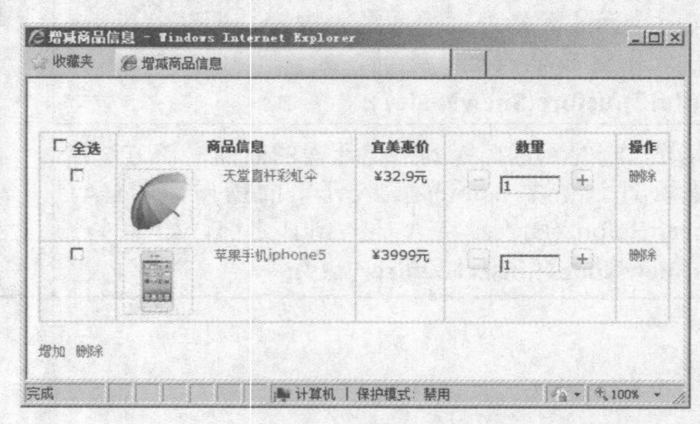

（a）初始状态

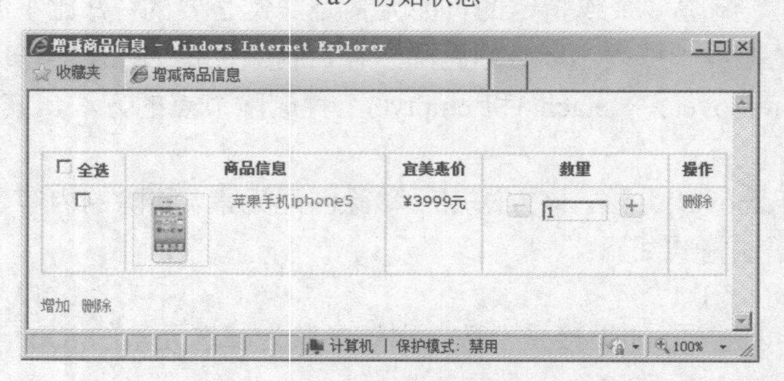

（b）删除信息

图 5.5　增减购物车商品信息

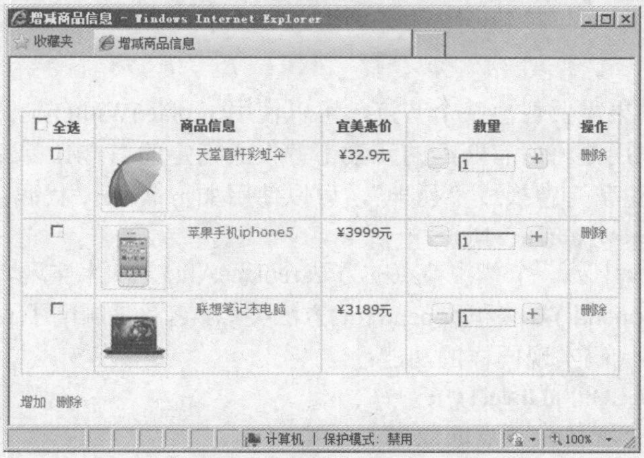

全选 商品信息 宜美惠价 数量 操作
天堂直杆彩虹伞 ¥32.9元 删除
苹果手机iphone5 ¥3999元 删除
联想笔记本电脑 ¥3189元 删除
增加 删除

（c）增加信息

图 5.5 增减购物车商品信息（续图）

其关键代码如示例 2 所示。

示例 2

```
$(document).ready(function() {
    //删除 class 为.tr_0 的<tr>元素
    $(".del").click(function() {
        $(".tr_0").remove();
    });
    $(".add").click(function() {
        //创建新节点
        var $newPro = $("<tr>"
        + "<td>"
            + "<input name='' type='checkbox' value='' />"
        + "</td>"
        + "<td>"
            + "<img src='images/computer.jpg' class='products' />"
            + "<a href='#'>联想笔记本电脑</a>"
        + "</td>"
        + "<td>￥3189 元</td>"
        + "<td>"
            + "<img src='images/subtraction.gif' width='20' height='20' />"
            + "<input type='text' class='quantity' value='1' />"
            + "<img src='images/add.gif' width='20' height='20' />"
        + "</td>"
        + "<td><a href='#' class='del'>删除</a></td>"
        + "</tr>");
        //在 table 中插入新建节点
        $("table").append($newPro);
    });
});
```

1.2.5 替换节点

在 jQuery 中，如果需要替换某个节点，可以使用 replaceWith()方法和 replaceAll()方法。replaceWith()方法的作用是将所有匹配的元素都替换成指定的 HTML 或者 DOM 元素。例如，要将示例 1 中的“阿拉蕾”替换成“死神”，可以使用如下 jQuery 代码：

```
$("ul li:eq(1)").replaceWith($newNode1);
```

也可以使用 jQuery 中另一个替换节点的方法 replaceAll()方法来实现，该方法与 replaceWith()方法的作用相同，与 append()方法和 appendTo()方法类似，它只是颠倒了 replaceWith()方法操作，可以使用如下 jQuery 代码实现同样的功能：

```
$($newNode1).replaceAll("ul li:eq(1)");
```

这两个方法都能实现替换节点的效果。

1.2.6 复制节点

在 jQuery 中，若要对节点进行复制，则可以使用 clone()方法。该方法能够生成被选元素的副本，包含子节点、文本和属性。其语法格式如下：

```
$(selector).clone([includeEvents])
```

其中参数 includeEvents 为可选值，为布尔值 ture 或 false，规定是否复制元素的所有事件处理，为 true 时复制事件处理，为 false 时反之。

1.3 属性操作

jQuery 不仅提供了元素节点的操作方法，还提供了属性节点的操作方法。在 jQuery 中，属性操作的方法有两种，即获取与设置元素属性的 attr()方法和删除元素属性的 removeAttr()方法，这两种方法在日常开发中使用非常频繁。下面详细介绍 attr()和 removeAttr()的使用方法。

1.3.1 获取与设置元素属性

在 jQuery 中，可以使用 attr()方法来获取与设置元素属性，其语法如下：

```
$(selector).attr([name])   //获取属性值
```

或者

```
$(selector).attr({[name1:value1], [name2:value2]…[nameN:valueN]})   /*设置多个属性值*/
```

其参数 name 表示属性名称，value 表示属性值。

下面在示例 1 的基础上，在<h2>元素之后插入新建节点$newNode4，$newNode4 对应的 HTML 如下：

```
<img src='images/kona.jpg' width='150' height='200' alt='名侦探柯南画报' />
```

在表 5-3 的示例中，使用 attr()方法获取图片 alt 属性的值，并用对话框输出；使用 attr()设置图片的大小。

1.3.2 删除元素属性

在 jQuery 中，与元素节点操作相同，对于属性而言也有删除属性的方法。如果想删除某个元素中特定的属性，可以使用 removeAttr()方法，其语法格式如下：

```
$(selector).removeAttr(name)
```

其中，参数为元素属性的名称。若要求删除新增节点$newNode2 中的 title 属性，则 jQuery 代码如下：

```
// $newNode2 对应的 HTML 为<li title='标题为千与千寻'>千与千寻</li>
$("ul").append($newNode2);
$($newNode2).removeAttr("title");
```

表 5-3　attr()方法示例

方法	描述	运行结果
attr([name])	获取和设置单个属性值，如 $($newNode4).attr("alt");	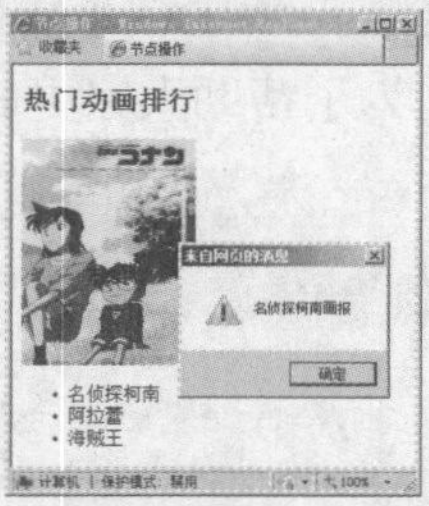热门动画排行 名侦探柯南 阿拉蕾 海贼王 确定
attr({[name1:value1], [name2:value2]…[nameN:valueN]})	设置多个属性值，如 $("img").attr({width:"50",height:"100"});	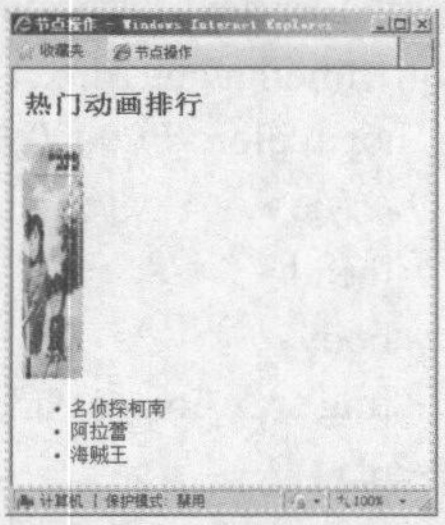热门动画排行 名侦探柯南 阿拉蕾 海贼王

操作案例 1：制作会员信息模块

需求描述

制作如图 5.6 所示的页面。单击“×”图标时，删除其所在行信息，单击“新增”链接时，增加一条表格中现有信息（信息内容可自己修改，但形式必须与现有数据相同）。

完成效果

效果如图 5.6 所示。

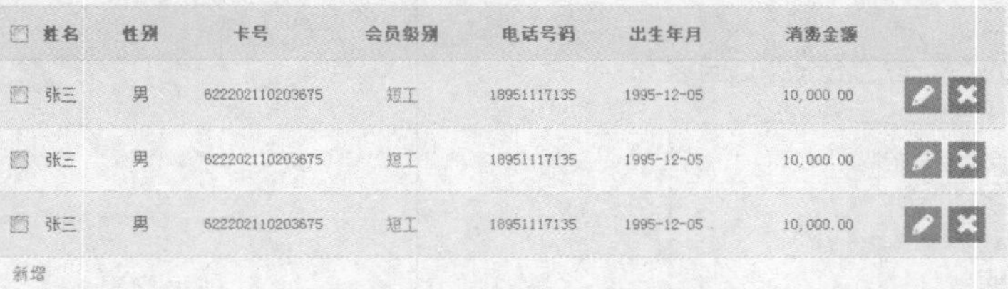

姓名 性别 卡号 会员级别 电话号码 出生年月 消费金额
张三 男 622202110203675 短工 18951117135 1995-12-05 10,000.00
张三 男 622202110203675 短工 18951117135 1995-12-05 10,000.00
张三 男 622202110203675 短工 18951117135 1995-12-05 10,000.00
新增

图 5.6　会员信息模块

技能要点

jQuery 中 DOM 节点操作。

1.4 节点遍历

jQuery 中不仅能够对获取到的元素进行操作，还能通过已获取到的元素，选取与其相邻的兄弟元素、祖先元素等进行操作。

在 jQuery 中主要提供了遍历后代元素（也称为子元素）、遍历同辈元素、遍历前辈元素和一些特别的遍历方法，即 children()、next()、prev()、siblings()、parent()和 parents()。下面就分别来介绍各个方法的用法。使用遍历节点的方式，能使代码更为简洁，操作更加方便，它们也是 jQuery 中 DOM 操作的核心内容之一。

为了帮助大家更好地理解节点遍历，首先设计一个 HTML 页面，其 HTML 代码如示例 3 所示。

示例 3

```
<style type="text/css">
a{color:#333333; text-decoration:none;}
a:hover{text-decoration:underline;}
li {line-height:24px;}
.hot {color:#FF0000; margin-left:5px;}
</style>
</head>
<body>
<img src="images/ad.jpg" alt="美梦成真系列抽奖" />
<ul>
    <li><a href="#">小米的 MI 2 手机</a><span class="hot">火爆销售中</span></li>
    <li><a href="#">苹果 iPad mini</a></li>
    <li><a href="#">三星 GALAXY Ⅲ</a></li>
    <li><a href="#">苹果 iPhone 5</a></li>
</ul>
</body>
```

其运行结果如图 5.7 所示，其 DOM 结构如图 5.8 所示。

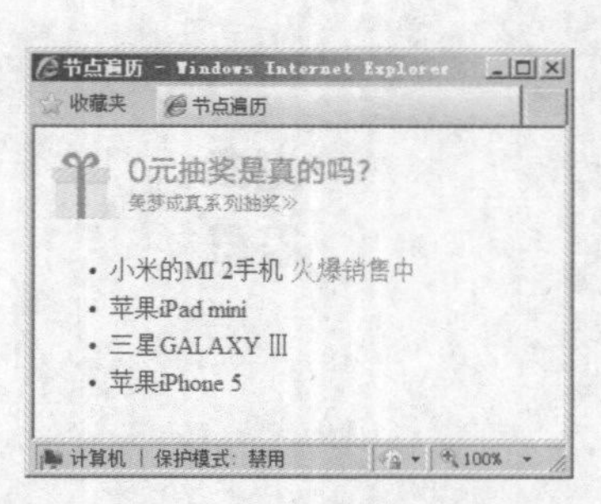

图 5.7　节点遍历示例页面

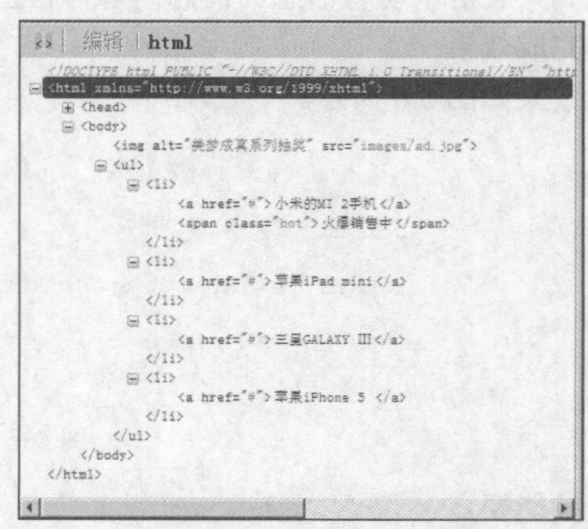

图 5.8　节点遍历示例页面 DOM

1.4.1 遍历后代元素

在 jQuery 中，遍历子元素的方法有两个：children()方法和 find()方法。

如果想获取某元素的直接子元素，也就是只向下一级遍历元素，可以使用 jQuery 中提供的 children()方法。该方法可以用来获取元素的所有直接子元素。其语法格式如下：

```
$(selector).children([expr])
```

其参数 expr 为可选，用于过滤子元素的表达式。

下面使用 children()方法获取下列 HTML 代码中<body>元素的子元素个数，并以对话框输出，则 jQuery 代码如下：

```
var $body=$("body").children();
alert($body.length);
```

其运行结果如图 5.9 所示。

对照示例 3 对应的 DOM 结构图不难发现，<body>元素的子元素有<img>和<ul>元素。

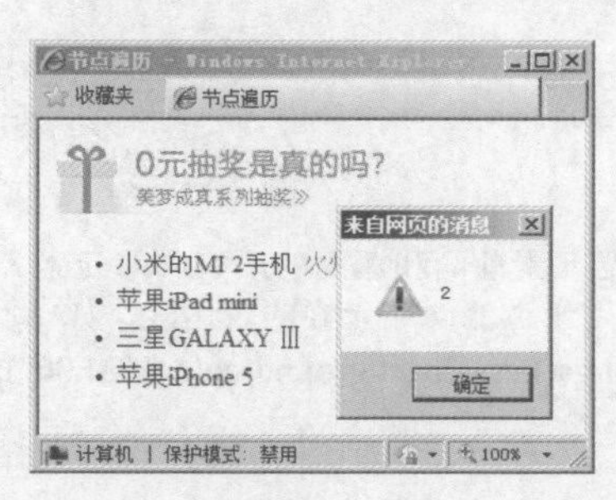

图 5.9 children()方法的应用

find()方法与 children()方法不同之处在于，find()方法返回被选元素的后代元素，一路向下直到最后一个后代。

1.4.2 遍历同辈元素

在 jQuery 中，提供了多种遍历同辈元素的方法，它们分别用来获取匹配元素紧邻其后、紧邻其前和位于该元素前与后的所有同辈元素。遍历同辈元素的方法说明如表 5-4 所示。

表 5-4 遍历同辈方法介绍

方法	描述
siblings()	获取被选元素的所有同辈元素，如$("li").siblings().css("background","#F06");
next()	获取被选元素的下一个同辈元素，如$("li").next().css("background","#F06");
nextAll()	获取被选元素的所有跟随的同辈元素
prev()	获取紧邻匹配元素之前的元素，("li").prev().css("background","#F06");
prevAll()	获取被选元素的所有之前的同辈元素

下面以对比的方式，对 jQuery 中遍历同辈元素的方法进行讲解。遍历同辈元素的方法说明如表 5-5 所示。

表 5-5　遍历同辈元素的方法示例

方法	描述	运行结果
next([expr])	用于获取紧邻匹配元素之后的元素。参数 expr 可选，用于过滤同辈元素的表达式，如 **$("li:eq(1)").next()**.css("background-color","#F06");	
prev([expr])	用于获取紧邻匹配元素之前的元素。参数 expr 可选，用于过滤同辈元素的表达式，如 **$("li:eq(1)").prev()**.css("background-color","#F06");	
siblings([expr])	用于获取位于匹配元素前面和后面的所有同辈元素。参数 expr 可选，用于过滤同辈元素的表达式，如 **$("li:eq(1)").siblings()**.css("background-color","#F06");	

1.4.3　遍历前辈元素

在 jQuery 中，用于遍历前辈元素的方法主要有 parent()和 parents()。parent()方法用于返回被选元素的直接父元素，而 parents()方法用于返回被选元素的所有祖先元素，一路向上直到文档的根元素（html）。它们的表达式分别如下：

```
$(selector).parent([selector])
$(selector).parents([selector])
```

其中两者的参数 selector 均是可选的，表示被匹配元素的选择器表达式。

parent()方法和 parents()方法在使用上非常相似，但又存在一些如表 5-6 所示的差异。

表 5-6　parent()方法与 parents()方法的参数说明

参数	描述	示例
parent([selector])	参数可选。返回被选元素的直接父元素	$("#delete").parent() 获取到的是<a/>的直接上层<td/>元素。 $("#delete").parent().parent()将获取上上层<tr/>元素。 $("#delete").parent().parent().remove()将删除当前行
parents([selector])	参数可选。返回被选元素的所有祖先元素	$("#delete").parents()从当前匹配元素的直接父节点开始查找，查找范围为其父节点和祖先节点，获取到的节点依次是<td/>、<tr/>、<tbody/>、<table/>、<body/>和<html/>

1.4.4 遍历之过滤方法

为了更加快捷方便地遍历元素，搜索到限定条件下的元素，jQuery 提供了一组过滤方法，用来缩小搜索元素的范围。三个最基本的过滤方法是 first()、last()和 eq()，下面简单介绍它们的用法。表 5-7 描述了三个过滤方法的说明及示例。

表 5-7 过滤方法的参数说明

参数	描述	示例
first()	返回被选元素的第一个元素	$("ul li").first().css({"background":"yellow"}); 设置第一个 li 的背景色为黄色
last()	返回被选元素的最后一个元素	$("ul li").last().css({"background":"blue"}); 设置最后一个 li 的背景色为蓝色
eq()	返回被选元素中带有指定索引号的元素，索引号从 0 开始	$("ul li").eq(3).css({"background":"red"}); 设置第四个 li 的颜色为红色

1.5 CSS-DOM 操作

jQuery 支持 CSS-DOM 操作，除了之前讲过的 css()方法外，还有获取和设置元素高度、宽度、相对位置等的方法，具体描述如表 5-8 所示。

表 5-8 CSS-DOM 相关操作方法说明

参数	描述	示例
css()	设置或返回匹配元素的样式属性	$("#box").css("background-color","green")
height([value])	参数可选。设置或返回匹配元素的高度。如果没有规定长度单位，则使用默认的 px 作为单位	$("#box").heigh(180)
width([value])	参数可选。设置或返回匹配元素的宽度。如果没有规定长度单位，则使用默认的 px 作为单位	$("#box").width(180)
offset([value])	返回以像素为单位的 top 和 left 坐标。此方法仅对可见元素有效	$("#box").offset()
offsetParent()	返回最近的已定位祖先元素。定位元素指的是元素的 CSS position 值被设置为 relative、absolute 或 fixed 的元素	$("#box"). offsetParent()
scrollLeft([position])	参数可选。设置或返回匹配元素相对滚动条左侧的偏移	$("#box"). scrollLeft(20)
scrollTop([position])	参数可选。设置或返回匹配元素相对滚动条顶部的偏移	$("#box"). scrollTop(180)

此外，获取元素的高度除了可以使用 height()方法之外，还能使用 css()方法，其获取高度值的代码为$("#box").css("height")。两者的区别在于使用 css()获取元素高度值与样式设置有关，

可能会得到“auto”，也可能得到“60px”之类的字符串；而 height()方法获得的高度值则是元素在页面中的实际高度，与样式的设置无关，且不带单位。获取元素宽度的方式也是同理。

操作案例 2：制作京东商城首页焦点图轮播特效

需求描述

在第 3 章操作案例 4 的基础上修改，要求技术实现如下：

- 使用后代选择器获取图片、按钮。
- 使用遍历同辈元素查找元素。
- 使用过滤函数获取当前显示的图片。
- 使用 hover 设置鼠标移至图片停止轮换图片、离开继续轮换图片。

完成效果

效果如图 5.10 所示。

图 5.10　京东首页焦点图轮播特效

技能要点

- jQuery 选择器的使用。
- jQuery 遍历元素。
- 过滤函数的使用。
- hover()方法的使用。

关键代码

- 鼠标悬浮到轮播图特效的关键代码如下：

```
$(".focus").hover(function(){
    stop = true;        //停止轮播
},
```

```
function(){
    stop = false;        //鼠标离开，开始轮播
});
```

- 按钮单击特效的关键代码如下：

```
$(".page-con li").click(function(){
    clearTimeout(t);            //清除定时
    page = $(this).index();     //将 page 设置成当前单击按钮的下标值
    slide();
});
```

2 jQuery 特效动画

如果说行胜于言，那么在 JavaScript 的世界里，效果则会让操作（action）更胜一筹。通过 jQuery，不仅能够轻松地为页面操作添加简单的视觉效果，甚至能创建出更为精致的动画特效。

jQuery 动画等特效能够增添页面的艺术性，一个元素逐渐滑入视野而不是突然出现时，带给人的美感是不言而喻的。此外，当页面发生变化时，通过效果吸引用户的注意力，则会显著增强页面的可用性。jQuery 提供了很多动画效果，例如：

- 控制元素显示与隐藏。
- 控制元素淡入和淡出。
- 控制元素滑动。
- 自定义动画。

jQuery 特效的应用场景非常广泛，下面举的几个例子，相信都是大家耳熟能详的了。

- 各大网站焦点图轮换显示，打开京东、淘宝、当当等任意一个网站，都能够看到的特效。
- 网页的菜单列表，二级菜单的显示和隐藏。如图 5.11 所示，单击下方的按钮，实现收起/放下菜单。

图 5.11　二级菜单的显示和隐藏

- 游戏特效。例如“水果连连看”这款游戏，两个连在一起的水果水平消失的特效。

这样的特效举不胜举，下面通过学习 jQuery 中动画特效的实现方法，让大家掌握并应用它们为页面添加动画效果，让页面更加丰富多彩。

2.1 控制元素显示和隐藏

在页面中，元素的显示与隐藏是使用最频繁的操作，在此之前，通过使用 css()方法改变

元素的 display 属性的值达到显示（block）和隐藏（none）元素的目的，在 jQuery 中，提供了专门的方法控制元素的显示和隐藏，并且增加了动画效果。下面就来学习控制元素显示与隐藏的方法 show()和 hide()。

此外，show()和 hide()是 jQuery 中最基本的动画方法，在日常工作中经常使用，因此非常重要。

2.1.1 控制元素显示

在 jQuery 中，可以使用 show()方法控制元素的显示，show()等同于：

```
$(selector).css("display", "block")
```

除了可以控制元素的显示外，它还能定义显示元素时的效果，如显示速度。

show()的语法格式如下：

```
$(selector).show([speed],[callback])
```

show()的参数说明如表 5-9 所示。

表 5-9 show()的参数说明

参数	描述
speed	可选。规定元素从隐藏到完全可见的速度。默认为“0”。 可能值：毫秒（如 1000）、slow、normal、fast。 在设置速度的情况下，元素从隐藏到完全可见的过程中，会逐渐地改变高度、宽度、外边距、内边距和透明度
callback	可选。show 函数执行完之后，要执行的函数

下面制作如图 5.12 所示的页面。要求单击“删除”链接时，以速度“slow”弹出对话框。

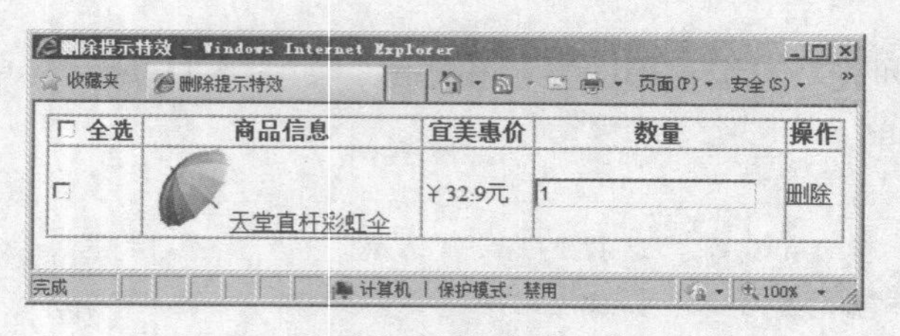

（a）初始状态

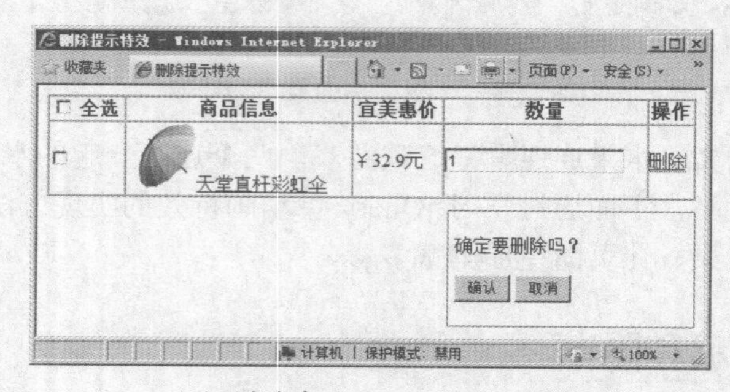

（b）以速度“slow”弹出对话框

图 5.12 删除提示特效

其关键代码如下：

```
<-- !省略部分代码-->
<script type="text/javascript">
$(document).ready(function() {
    $("#del").click(function() {
        $(".tipsbox").show("slow");
    });
});
</script>
</head>
<body>
<div id="cart">
  <table width="100%" border="1" cellpadding="0" cellspacing="0">
    <tr>
      <th><input name="" type="checkbox" value="" />全选</th>
      <th>商品信息</th>
      <th>宜美惠价</th>
      <th>数量</th>
      <th>操作</th>
    </tr>
    <tr>
      <td><input name="" type="checkbox" value="" /></td>
      <td><a href="#"><img src="images/umbrella.jpg" class="products" /></a>
          <a href="#">天堂直杆彩虹伞</a></td>
      <td>￥32.9 元</td>
      <td> <input type="text" class="quantity" value="1" /></td>
      <td><a href="#" id="del">删除</a></td>
    </tr>
  </table>
  <div class="tipsbox">
    <p>确定要删除吗？</p>
    <p>
      <input name="confirm" type="button" value="确认" class="btns" />
      <input name="cancel" type="button" value="取消" class="btns" />
    </p>
  </div>
</div>
<-- !省略部分代码-->
```

2.1.2　控制元素隐藏

在 jQuery 中，与 show()方法对应的是 hide()方法，该方法可以控制元素隐藏。hide()方法等同于$(selector).css("display","none")，除了可以控制元素的隐藏外，它还能定义隐藏元素时的效果，如隐藏速度。hide()方法的语法格式如下：

```
$(selector).hide([speed],[callback])
```

其参数设置方式与 show()方法相同。

绝大多数情况下，hide()方法与 show()方法总是在一起使用，如选项卡、下拉菜单、提示信息等。下面在前面示例的基础上，制作单击“取消”按钮时，以速度“fast”隐藏对话框。

其 jQuery 代码如下：

```
$(document).ready(function() {
    $("#del").click(function() {
        $(".tipsbox").show("slow");
    });
    $("input[name=cancel]").click(function() {
        $(".tipsbox").hide("fast");
    });
});
```

最终得到的效果如图 5.12 中的初始状态。

2.1.3 切换元素可见状态

在复合事件中学习过的 toggle()方法，除了可以模拟鼠标的连续单击事件外，还能用于切换元素的可见状态。如果元素可见，单击切换后则隐藏元素；如果元素是隐藏状态，单击切换后则为可见的。使用 toggle()方法编写如图 5.13 所示的效果。

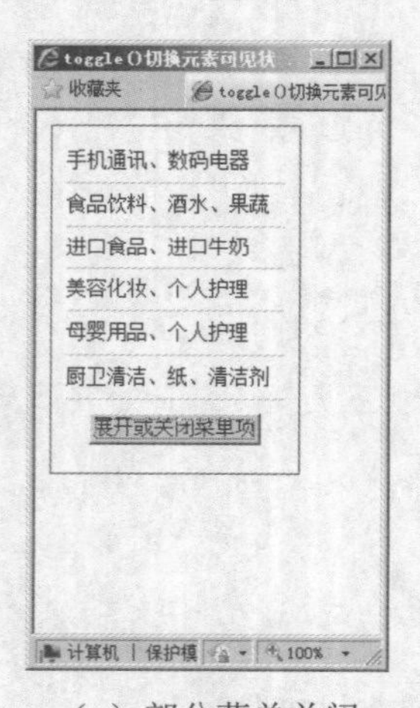

（a）部分菜单关闭

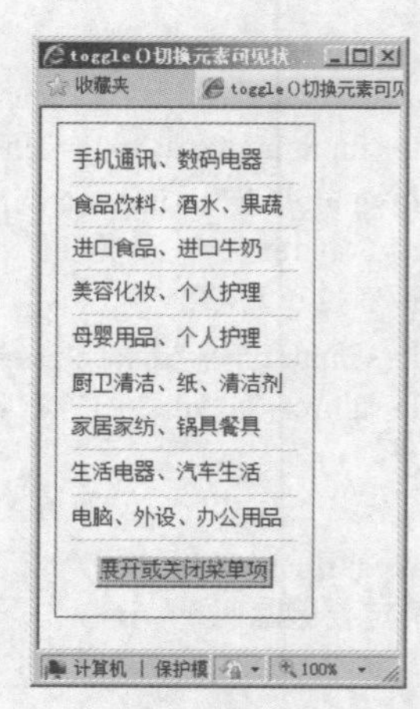

（b）全部菜单展开

图 5.13　可伸缩的菜单

其代码如下：

```
<-- !省略部分代码-->
<script type="text/javascript">
$(document).ready(function() {
    $("input[name=more_btn]").click(function(){
        $("li:gt(5):not(:last)").toggle();
    });
});
</script>
</head>
<body>
<div id="menu" class="menu_style">
```

```
        <ul>
            <li><a href="#">手机通讯、数码电器</a></li>
            <li><a href="#">食品饮料、酒水、果蔬</a></li>
            <li><a href="#">进口食品、进口牛奶</a></li>
            <li><a href="#">美容化妆、个人护理</a></li>
            <li><a href="#">母婴用品、个人护理</a></li>
            <li><a href="#">厨卫清洁、纸、清洁剂</a></li>
            <li id="menu_07" class="element_hide"><a href="#">家居家纺、锅具餐具</a></li>
            <li id="menu_08" class="element_hide"><a href="#">生活电器、汽车生活</a></li>
            <li id="menu_09" class="element_hide"><a href="#">电脑、外设、办公用品</a></li>
            <li class="btn">
                <input name="more_btn" type="button" value="展开或关闭菜单项" />
            </li>
        </ul>
    </div>
    </body>
    <-- !省略部分代码-->
```

使用 toggle()方法制作切换元素可见状态效果后，可以明显发现，需要好几行代码实现的效果，一行代码就实现了。从代码的运行效率考虑，使用 toggle()方法替代 show()方法和 hide()方法制作轮流切换元素的可见状态效果，更加合理。

操作案例 3：制作京东商城首页左侧菜单

需求描述

仿制京东商城首页的左侧菜单，具体要求如下：

- 鼠标悬浮到一级菜单时，二级菜单显示。
- 鼠标离开，二级菜单消失。
- 鼠标悬浮时一级菜单背景色变为橙色。

完成效果

效果如图 5.14 所示。

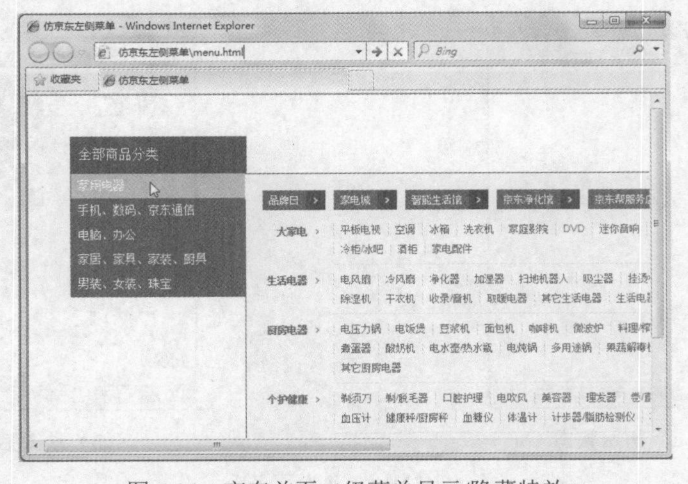

图 5.14　京东首页二级菜单显示/隐藏特效

技能要点

jQuery 控制元素的显示和隐藏。

关键代码

二级菜单特效的关键代码如下：

```
index = $(".inner-box").index($(this));           //获取当前悬浮的 index 值
$(".erji-box div").eq(index).show();              //让相应二级内容显示
$(".erji-box div").eq(index).siblings().hide();   //所有相应二级的同辈元素隐藏
```

2.2 控制元素淡入和淡出

jQuery 中提供的特效效果相对丰富，除了显示和隐藏元素外，还有改变元素透明度，也就是通过透明度进行淡入淡出的效果控制。下面看看用于改变元素透明度的方法 fadeIn()和 fadeOut()。

2.2.1 控制元素淡入

在 jQuery 中，如果元素是隐藏的，可以使用 fadeIn()方法控制元素淡入，它与 show()方法相同，可以定义元素淡入时的效果，如显示速度。fadeIn()方法的语法格式如下：

```
$(selector).fadeIn([speed],[callback])
```

fadeIn()方法的参数说明如表 5-10 所示。

表 5-10　fadeIn()方法的参数说明

参数	描述
speed	可选。规定元素从隐藏到完全可见的速度。默认为“400”。 可能值：毫秒（如 1000）、slow、normal、fast。 在设置速度的情况下，元素从隐藏到完全可见的过程中，会逐渐地改变其透明度，给视觉以淡入的效果
callback	可选。fadeIn 函数执行完之后，要执行的函数。 除非设置了 speed 参数，否则不能设置该参数

下面制作如图 5.15 所示的页面。要求单击“淡入”按钮时，以速度“slow”显示图片。

（a）初始状态

（b）淡入后

图 5.15　淡入效果

其关键代码如下：

```
<-- !省略部分代码-->
<script type="text/javascript">
$(document).ready(function() {
    $("input[name=fadein_btn]").click(function(){
        $("img").fadeIn("slow");
    });
});
</script>
</head>
<body>
<img src="images/ad.jpg" width="700" height="290" />
<input name="fadein_btn" type="button" value="淡入" />
</body>
<-- !省略部分代码-->
```

2.2.2　控制元素淡出

在 jQuery 中，与 fadeIn()方法对应的是 fadeOut()方法，该方法可以控制元素淡出。除了可以控制元素淡出外，它还能定义显示元素时的效果，如淡出速度。fadeOut()方法的语法格式如下。

```
$(selector).fadeOut([speed],[callback])
```

其参数设置方式与 fadeIn()方法相同。

一般来说，fadeIn()方法与 fadeOut()方法常在网页中为轮播广告、菜单、信息提示框和弹出窗口等制作动画效果。在图 5.15 的基础上增加“淡出”按钮，并使用 fadeOut()方法制作淡出效果，设置图片以 1000 毫秒的速度淡出页面。运行效果如图 5.16 所示。

（a）淡入后

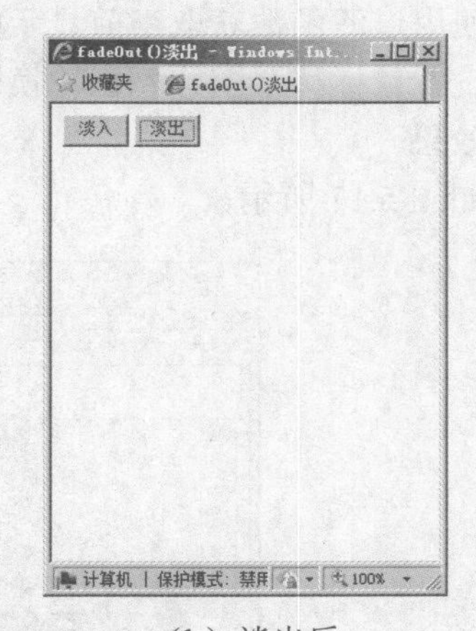

（b）淡出后

图 5.16　淡出效果

其 jQuery 代码如下：

```
$(document).ready(function() {
        $("input[name=fadein_btn]").click(function(){
              $("img").fadeIn("slow");
        });
```

```
        $("input[name=fadeout_btn]").click(function(){
                $("img").fadeOut(1000);
        });
});
```

2.2.3 切换元素出入状态

如同前面介绍的 toggle()方法，用于切换元素的可见状态一样，切换元素的淡入淡出状态也同样存在一个方法——fadeToggle()方法，如果元素已淡出，fadeToggle()会向元素添加淡入效果，如果元素已淡入，fadeToggle()会向元素添加淡出效果。用法均与 toggle()方法相同，这里不再赘述。

注意：

jQuery 中的所有动画效果，都可以设置 3 种速度参数，即 slow、normal、fast（三者对应的时间分别为 0.6 秒、0.4 秒和 0.2 秒）。

使用关键字作为速度参数时，需要使用双引号引起来，如 fadeIn("slow")；而使用时间数值作为速度参数时，则不需要使用双引号，如 fadeIn(500)，需要注意的是，当使用时间数值作为参数时，其单位为毫秒，而不是秒。

操作案例 4：仿京东焦点图轮播淡入淡出特效

需求描述

在操作案例 2 的基础上修改，要求技术实现如下：

- 使用 fadeIn()和 fadeOut()实现焦点图的淡入和淡出效果。
- 使用过滤函数获取当前显示的图片。
- 设置鼠标移至图片停止轮换图片、离开继续轮换图片。

完成效果

效果如图 5.17 所示。

图 5.17　京东首页焦点图轮播特效

技能要点

jQuery 控制元素的淡入和淡出。

实现思路

- 在前面制作京东焦点图轮播效果的基础上，修改代码，实现图片的淡入和淡出效果。
- 使用连缀方法实现鼠标移至图片停止轮换图片、离开继续轮换图片，使用 mouseover 事件和 mouseout 实现。
- 单击按钮显示当前图片，讲解 index()的应用，返回指定元素的位置。

2.3　控制元素滑动

在页面中，元素的显示与隐藏除了使用 show()和 hide()方法可以实现外，通过元素的滑动效果控制，也能够达到一样的特效，但是它们的实现原理是不同的。除了实现显示隐藏，控制元素的滑动还能实现元素上下的动画效果。下面就来学习控制元素滑动的方法 slideDown()和 slideUp()。

2.3.1　控制元素下滑

在 jQuery 中，如果想要实现元素向下滑动的动画效果，可以使用 slideDown()方法控制元素向下滑动。slideDown()方法的语法格式如下：

```
$(selector). slideDown([speed],[callback])
```

slideDown()方法的参数说明如表 5-11 所示。

表 5-11　slideDown()方法的参数说明

参数	描述
speed	可选。规定效果的时长速度。默认值为“normal”。 可能值：毫秒（如 1000）、slow、normal、fast
callback	可选。是滑动完成后所执行的函数名。 除非设置了 speed 参数，否则不能设置该参数

下面制作如图 5.18 所示的页面。要求单击“汽车、汽车用品”时，以速度“normal”显示文字内容。

（a）单击前

（b）单击后

图 5.18　滑出效果

其关键代码如下：

```
<-- !省略部分代码-->
    <script type="text/javascript">
        $(document).ready(function(){
            $(".flip").click(function(){
                $(".panel").slideDown("normal");
            });
        });
    </script>
    </head>
    <body>
    <div class="panel">
        <p>车载用品</p>
        <p>美容清洁</p>
        <p>车内装饰</p>
    </div>
    <p class="flip">汽车、汽车用品</p>
    </body>
<-- !省略部分代码-->
```

其中设置 panel 的 div 块时设置其可见性为 none，代码如下：

```
div.panel
{
    height:120px;
    display:none;
}
```

2.3.2 控制元素上滑

在 jQuery 中，与 slideDown()方法对应的是 slideUp()方法，该方法可以控制元素向上滑动。slideUp()方法的语法格式如下：

```
$(selector). slideUp([speed],[callback])
```

其参数设置方式与 slideDown()方法相同。

如图 5.18 所示的页面。要求单击“汽车、汽车用品”时，收回菜单的关键代码如下所示：

```
<script type="text/javascript">
    $(document).ready(function(){
        $(".flip").click(function(){
            $(".panel").slideUp("normal");
        });
    });
</script>
```

绝大多数情况下，这两个方法总是在一起使用，如同控制元素的显示和隐藏的方法一样，应用场景比较常见于选项卡、下拉菜单、提示信息等。

2.3.3 控制元素上下滑动

如同前面介绍的 toggle()方法，切换元素的上下滑动也同样存在一个方法——slideToggle()

方法。用法均与 toggle()方法相同，这里不再赘述。

2.4 jQuery 自定义动画

前面介绍的各种特效，都是按照一定的模式或者方式来进行，例如淡入淡出、上滑下滑等，jQuery 提供了一个 animate()方法，用来创建自定义动画效果，它提供了一些参数值，使得可以控制元素样式从而实现动画效果。

animate()方法的语法格式如下：

```
$(selector). animate({params},speed,callback)
```

animate()方法的参数说明如表 5-12 所示。

表 5-12 animate()方法的参数说明

参数	描述
params	必选。定义形成动画的 CSS 属性
speed	可选。规定效果的时长速度。默认值为“normal”。 可能值：毫秒（如 1000）、slow、normal、fast
callback	可选。是动画完成后所执行的函数名。 除非设置了 speed 参数，否则不能设置该参数

下面制作如图 5.19 所示的页面。要求单击按钮，图中的黑色区块向右侧移动一定距离。

（a）单击前

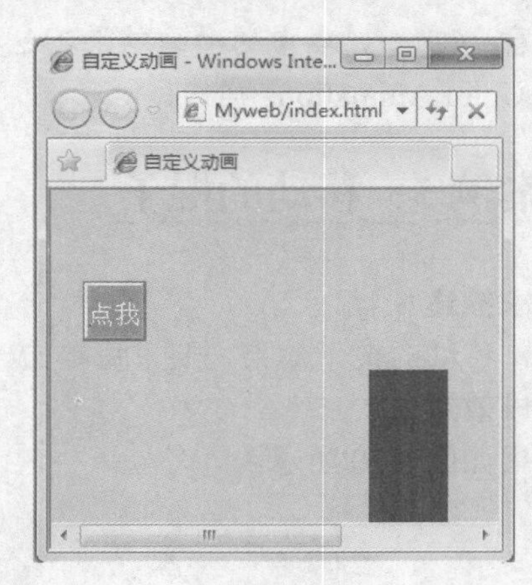

（b）单击后

图 5.19 移动棍子的动画效果

其关键代码如下：

```
<-- !省略部分代码-->
<script>
        $(function(){
            $(".strick-btn").click(function(){
                $(".contain").animate({left:"200px"});
            });
        });
```

```
        </script>
    </head>
    <body class="bg1">
    <div class="btn-box">
        <p class="btn-main">
            <button class="strick-btn">点我</button>
        </p>
    </div>
    <div class="contain">
        <div class="animate-zz" style="left:1500px;"></div>
    </div>
    <-- !省略部分代码-->
```

这里需要提醒的是，要想使网页的某个元素区块能够移动位置，必须将元素的定位方式（也就是 CSS position）设置为绝对定位、相对定位或者固定定位，如果设置为静态定位，则动画效果是不起作用的。

animate()方法除了可以操作一个属性使其变化外，还可以操作多个属性，使它们同时发生变化。例如上面的这个示例中，使黑色块右移的同时，透明度变为 0.5，则可修改代码为：

```
$(function(){
    $(".strick-btn").click(function(){
        $(".contain").animate({left:"200px",opacity:'0.5'});
    });
});
```

注意：jQuery 库中的动画效果不包括色彩动画，如果需要生成颜色方面的动画，目前需要下载 Color Animations 插件。

操作案例 5：移动的棍子

需求描述

制作移动的棍子效果，要求每单击一下按钮，图中的棍子向左移动一定距离。

完成效果

效果如图 5.20 所示。

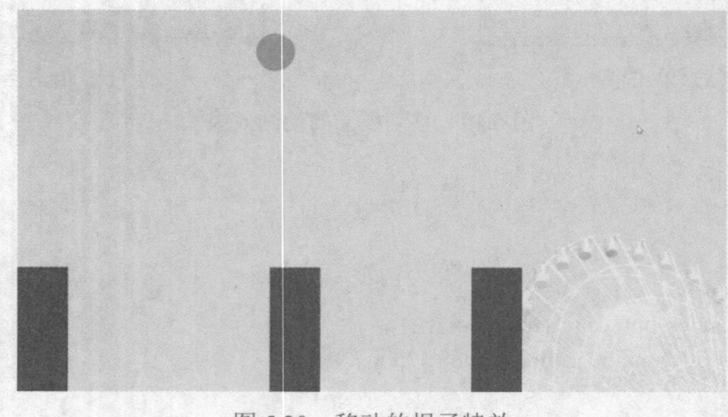

图 5.20　移动的棍子特效

技能要点

- jQuery 动画。
- 节点遍历。

实现思路

- 使用遍历后代元素、过滤函数获取每个柱子距左侧距离，然后使用动画向左移动。
- 移动后，柱子数加 1。

关键代码

遍历棍子节点，控制移动的关键代码如下：

```
$(function(){
    var num = 1;          //设置从第一个柱子开始左移
    var sleft = 0;        //设置最外层柱子容器偏移
    //单击按钮，柱子左移
    $(".strick-btn").click(function(){
        if(num>3) return;

        var widthL = $(".contain").children().eq(num).offset().left;     //获取柱子距离左侧的偏移量
        sleft += widthL;     //设置最外层柱子容器向左偏移多少像素

        $(".contain").animate({"left":"-"+sleft+"px"},1000,function(){
            num++;
        });
    });
});
```

本章总结

- 节点操作：创建、添加、删除节点。
- 遍历元素：遍历父辈元素、遍历同辈元素、遍历后代元素。
- 特效：show()、hide()、toggle()、fadeIn()、fadeOut()、fadeToggle()。
- jQuery 动画：元素滑动、自定义动画。

本章作业

1．简述 jQuery DOM 节点操作都有哪几种，插入节点时的方法都有什么。

2．简述 jQuery 遍历前辈元素的方法有几个，并概述它们的不同点。

3．jQuery 中常用的动画方法有哪些？并简述它们的特点。

4．制作如图 5.21 所示的页面。游戏列表（见图 5.21（a））放置在一个边框颜色为#CCCCCC 的 1px 实线框中，该线框与浏览器四周间距为 10px，与其内容之间间距为 15px，标题文字大小为 14px，颜色为#0066FF，超链接颜色为#FF3300，鼠标移过时显示下划线；单击“删除”链接时，其所在列表项信息删除（见图 5.21（b）），单击“新增游戏”按钮时，添加如图 5.21（c）所示的游戏信息。

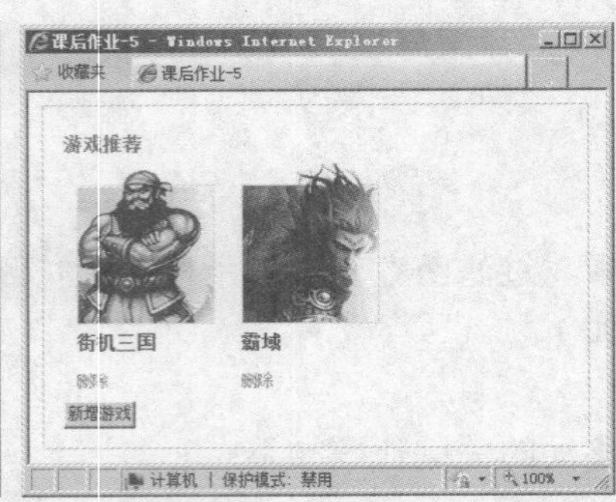

（a）　　　　（b）　　　　（c）

图 5.21　游戏推荐

5．制作如图 5.22 所示的简略版当当网“我的订单”页。要求如下：

（1）鼠标指针移过“我的当当”菜单时，出现如图 5.22（b）所示的下拉菜单，鼠标指针移出时，下拉菜单隐藏。

（2）单击“我的订单”选项卡，显示其下相关内容，如图 5.22（a）所示。

（3）单击“我的团购订单”选项卡，显示其下相关内容，切换显示其下相关内容时，以速度为 1800 毫秒的淡入显示，如图 5.22（b）所示。

（a）“我的订单”选项卡页面

图 5.22　当当网“我的订单”页

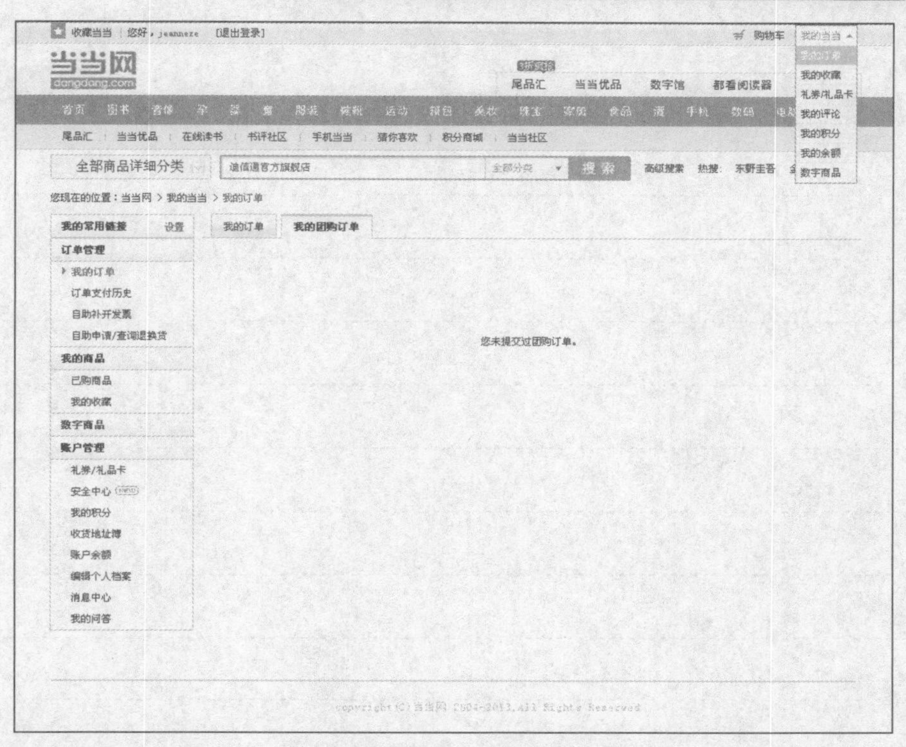

（b）“我的团购订单”选项卡页面

图 5.22　当当网“我的订单”页（续图）

6．请登录课工场，按要求完成预习作业。

随手笔记

第 6 章

表单验证

本章技能目标

- 使用表单事件和脚本函数实现表单验证
- 使用 String 对象实现客户端验证

本章简介

在网络世界里，无时无刻都可能碰到各种身份验证，例如注册邮箱、登录微博、提交信息等，这些都会用到表单验证的技术。实现表单验证的技术有很多，有客户端的技术、服务器端的技术、自动验证技术，也有纯手工验证的技术。

本章将介绍一种非常实用的技术——基本的客户端表单验证。主要讲述为什么需要表单验证以及表单验证的内容，接着以具体的示例来说明如何检查合法的 E-mail 地址，文本框中是否是数字、文本的非空验证等，最后通过介绍文本框控件来实现更高级的文本框验证。其中，重点介绍表单验证的思路、字符串对象和文本框控件的简介。

1 表单验证概述

无论是动态网站，还是其他 B/S 结构的系统，都离不开表单。表单作为客户端向服务器端提交数据的主要载体，如果提交的数据不合法，将会带来各种各样的问题，那么如何避免这样的问题呢？

1.1 表单验证的必要性

使用 JavaScript 可以十分便捷地进行表单验证，它不但能检查用户输入的无效或错误数据，还能检查用户遗漏的必选项，从而减轻服务器端的压力，避免服务器端的信息出现错误。

有时，在用户填写表单时，我们希望所填入的资料必须是某特定类型的信息（如必须是数字），或是填入的值必须在某个特定的范围之内（如月份必须是 1～12 之间）。在正式提交表单之前，必须检查这些值是否有效。我们先来了解一下什么是客户端验证和服务器端验证，客户端验证实际上就是在已下载的页面中，当用户提交表单的时候，它直接在已下载到本地的页面中调用脚本来进行验证，这样可以减少服务器端的运算。而服务器端的验证则是将页面提交到服务器进行处理，服务器上的另一个包含表单的页面先执行对表单的验证，然后再返回响应结果到客户端，如图 6.1 所示。它的缺点是每一次验证都要经过服务器，不但消耗时间较长，而且会大大增加服务器的负担。

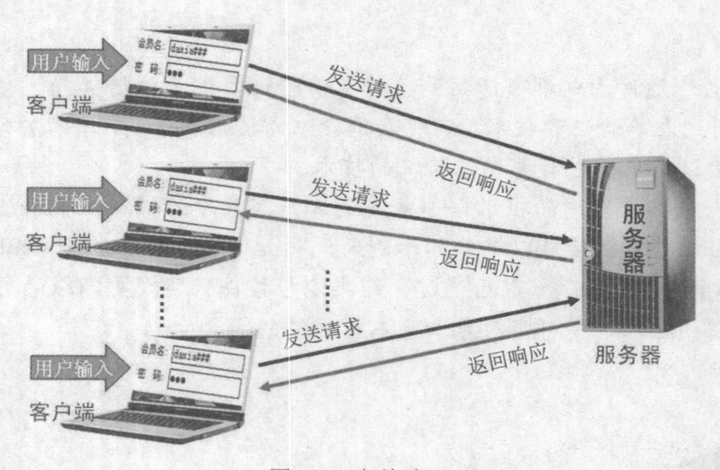

图 6.1 表单验证

那么到底是在客户端验证好还是在服务器端验证好呢？下面先来看一个例子，假如有一个网站，每天大约有 10000 名用户注册使用它的服务，如果用户填写的表单信息都让服务器去检查是否有效，服务器就得每天为 10000 名用户的表单信息进行验证，这样服务器将会不堪重负，甚至会出现死机现象。所以最好的解决办法就是在客户端进行验证，这样就能把服务器端的任务分给多个客户端去完成，从而减轻服务器端的压力，让服务器专门做其他更重要的事情。

基于以上原因，我们需要在客户端对表单数据进行验证。接下来，我们来具体了解 JavaScript 表单验证通常包括的内容。

1.2 表单验证的内容

在学习表单验证之前，我们需要好好想想，在表单验证过程中会遇到哪些需要控制的地方，分析一下要在哪些方面进行验证。

其实，表单验证包括的内容非常多，如验证日期是否有效或日期格式是否正确，检查表单元素是否为空、E-mail 地址是否正确，验证身份证号，验证用户名和密码，验证字符串是否以指定的字符开头、阻止不合法的表单被提交等。下面我们就以常用的注册表单为例，来说明表单验证通常包括哪些内容。

在如图 6.2 所示的贵美商城网站注册页面中，在注册表单中标注了常用的表单验证应包括的内容，还说明了一些验证规则。下面结合图 6.2 所示的表单，说明表单验证通常包括的内容。

- 检查表单元素是否为空（如登录名不能为空）。
- 验证是否为数字（如出生日期中的年月日必须为数字）。
- 验证用户输入的邮件地址是否有效（如电子邮件地址中必须有“@”和“.”字符）。
- 检查用户输入的数据是否在某个范围之内（如出生日期中的月份必须是 1～12 之间，日必须为 1～31 之间）。
- 验证用户输入的信息长度是否足够（如输入的密码必须大于等于 6 个字符）。
- 检查用户输入的出生日期是否有效（如出生年份由 4 位数字组成，1、3、5、7、8、10、12 月份为 31 天，4、6、9、11 月份为 30 天，2 月份根据是否是闰年判断为 28 天或 29 天）。

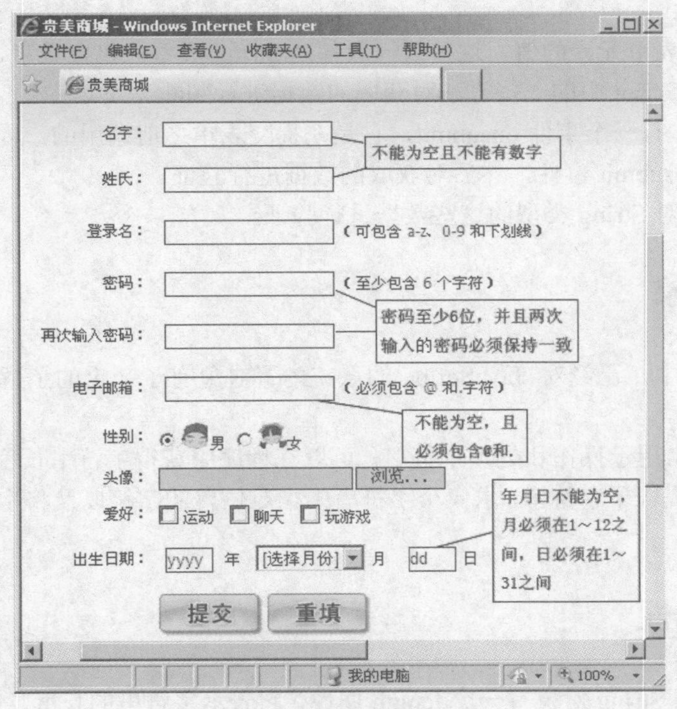

图 6.2 注册表单验证的内容

实际上，在设计表单时，还会因情况不同而遇到其他很多不同的问题，这就需要我们自己去定义一些规定和限制。

1.3 表单验证的思路

在网上进行注册或填写一些表单数据时，如果数据不符合要求，通常会进行提示，例如，在注册页面输入了不合要求的电子邮箱地址时，将会弹出提示信息，如图 6.3 所示。

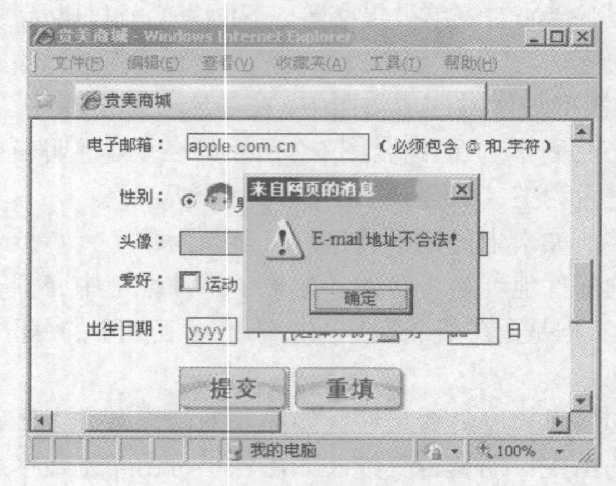

图 6.3 弹出验证信息

那么这些提示信息在什么情况下会弹出？如何编写 JavaScript 脚本来验证表单数据的合法性？具体分析如下：

- 首先获取表单元素的值，这些值一般都是 String 类型，包含数字、下划线等。
- 使用 JavaScript 中的一些方法对获取的数据进行判断。
- 表单 form 有一个事件 onsubmit，它是在提交表单之前调用的，因此可以在提交表单时触发 onsubmit 事件，然后对获取的数据进行验证。

下面介绍如何对 String 类型的这些数据进行验证。

2 String 对象

在前面的学习中，已经对 JavaScript 的系统内置对象有了一定的了解，本节我们来学习 String 对象。

String 对象通常用于操作和处理字符串，可以在程序中获得字符串长度，对一个字符串按指定的样式显示，提取子字符串，求一个字符串中指定位置的字符以及将字符串转换为大写或小写字符等。

2.1 常用的属性

JavaScript 中的 String 对象有一个 length 属性，它表示字符串的长度（包括空格等），调用 length 的语法如下：

```
字符串对象.length;
```

例如：

```
var str="this is JavaScript";
var strLength=str.length;
```

最后 strLength 返回的 str 字符串的长度是 18。

2.2 常用的方法

在 JavaScript 中，关于字符串对象的使用方法语法如下：

```
字符串对象.方法名();
```

String 对象有许多方法用来处理和操作字符串，常用的方法如表 6-1 所示。

表 6-1　String 对象常用方法

名称	说明
toLowerCase()	把字符串转化为小写
toUpperCase()	把字符串转化为大写
charAt(index)	返回在指定位置的字符
indexOf(字符串,index)	查找某个指定的字符串在字符串中首次出现的位置
substring(index1,index2)	返回位于指定索引 index1 和 index2 之间的字符串，并且包括索引 index1 对应的字符，不包括索引 index2 对应的字符

在这几个方法中，最常用的是 indexOf()方法，语法为：

```
indexOf("查找的字符串",index)
```

如果找到了则返回找到的位置，否则返回-1。

index 是可选的整数参数，表示从第几个字符开始查找，index 的值为 0～(字符串对象.length-1)，如果省略该参数，则将从字符串的首字符开始查找。

例如如下的示例：

```
var str="this is JavaScript";
var selectFirst=str.indexOf("Java");
var selectSecond=str.indexOf("Java",12);
```

selectFirst 返回的值为 8，selectSecond 返回的值为-1。

2.3 电子邮件格式的验证

在注册表单或登录电子邮箱时，经常需要填写 E-mail 地址，对输入的 E-mail 地址进行有效性验证，可以提高数据的有效性，避免不必要的麻烦。那么如何编写如图 6.4、图 6.5 和图 6.6 所示的验证表单呢？当在如图 6.4 所示的 E-mail 文本框中没有输入任何内容时单击“登录”按钮，将会弹出如图 6.4 所示的提示框，提示“E-mail 不能为空”。当输入“webmaster”再单击“登录”按钮时，将会弹出如图 6.5 所示的提示框，提示“E-mail 格式不正确，必须包含@”，当输入“webmaster@”时，再单击“登录”按钮，将会弹出如图 6.6 所示的对话框，提示“E-mail 格式不正确，必须包含.”。只有在 E-mail 地址中包含“@”和“.”符号时，其才是有效的 E-mail 地址。那么如何编写这样的 E-mail 地址验证脚本呢？

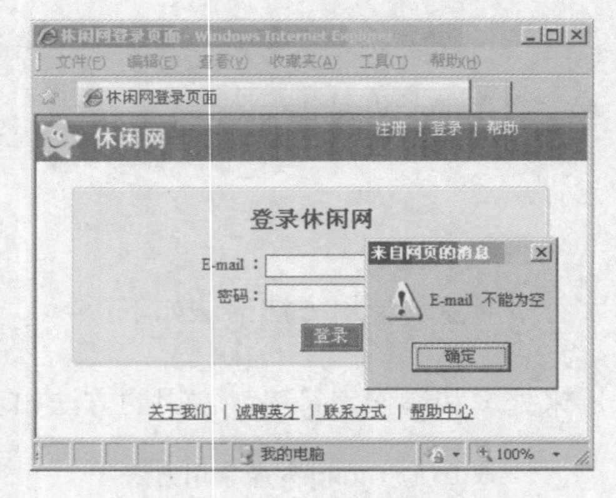

图 6.4 E-mail 不能为空

图 6.5 E-mail 中必须包含“@”

图 6.6 E-mail 中必须包含“.”

首先我们来分析一下实现的思路。

（1）先获取表单元素（E-mail 文本框）的值（String 类型），然后进行判断。

（2）使用 getElementById()获得表单的输入元素（文本框对象），然后使用文本框的 value 属性获取文本框的值。

（3）使用字符串方法（indexOf()）来判断获得的文本框元素的值是否包含“@”和“.”符号。

（4）编写了判断表单元素的值是否为空、是否包含“@”和“.”符号的脚本函数之后，该如何调用编写好的脚本函数呢？其实，E-mail 地址的有效性验证发生在单击“注册”按钮之后，所以该事件是在提交表单时产生的，应该使用提交按钮来触发 onsubmit 事件，然后调用脚本函数执行。

（5）当调用脚本函数验证表单数据时，如何判断表单是否被提交呢？表单的 onsubmit 事件根据函数返回值是 true 还是 false 来决定是否提交表单，当返回值是 false 时，不能提交表单，当返回值是 true 时提交表单。

根据分析制作登录页面并进行验证，首先制作页面，在页面中插入一个表单，然后在表单中插入两个文本框，id 分别为 email 和 pwd，一个用来输入 E-mail，一个用来输入密码，最后插入一个提交按钮，并在表单中添加 onsubmit 事件，此事件调用验证 E-mail 的函数 check()。

在函数 check()中需要验证 E-mail 是否为空，代码如下所示：

```
var mail=document.getElementById("email").value;
if(mail==""){
        alert("E-mail 不能为空");
```

```
        return false;
}
```

验证 E-mail 中是否包含符号“@”和“.”，由于是从字符串的首字符开始验证，因此第 2 个参数可以省略，代码如下所示：

```
if(mail.indexOf("@")==-1){
        alert("E-mail 格式不正确\n 必须包含@");
        return false;
}
if(mail.indexOf(".")==-1){
        alert("E-mail 格式不正确\n 必须包含.");
        return false;
}
```

在上述代码片断中，mail 是 E-mail 输入文本框的 id，value 表示文本框的值，也就是用户在文本框中输入的内容。email==""是用来检测是否输入内容。email.indexOf("@")== -1 用来检测是否包含“@”符号，若不包含，则表达式 email.indexOf("@")返回值为-1；相反，则返回找到的位置。同理，email.indexOf(".")==-1 用来检测是否包含“.”符号。此示例完整的代码（休闲网登录页面验证代码）如下所示：

示例 1

```
<html>
<head>
<title>休闲网登录页面</title>
<link href="login.css" rel="stylesheet" type="text/css">
<script type="text/javascript">
function check(){
    var mail=document.getElementById("email").value;
    if(mail ==""){
        alert("E-mail 不能为空");
        return false;
    }
    if(mail.indexOf("@")==-1){
        alert("E-mail 格式不正确\n 必须包含@");
        return false;
    }
    if(mail.indexOf(".")==-1){
        alert("E-mail 格式不正确\n 必须包含.");
        return false;
    }
        return true;
}
</script>
</head>
<body>
…
  //省略部分 HTML 代码
  <form action="success.html" method="post" name="myform" onsubmit="return check()">
  <tr>
    <td>E-mail:<input id="email" type="text" class="inputs"/></td>
```

```
    </tr>
    <tr>
      <td> 密码:<input id="pwd" type="password" class="inputs"/></td>
    </tr>
    <tr>
      <td><input name="btn" type="submit" value="登录" class="rb1" /></td>
    </tr></form>
...
//省略部分 HTML 代码
```

在浏览器中运行示例 1，如果 E-mail 文本框中输入的内容不合要求，将弹出如图 6.4、图 6.5 和图 6.6 所示的提示框。如果用户在 E-mail 文本框中输入了正确的电子邮件地址，那么在单击“登录”按钮之后，将显示 success.html 网页，如图 6.7 所示。

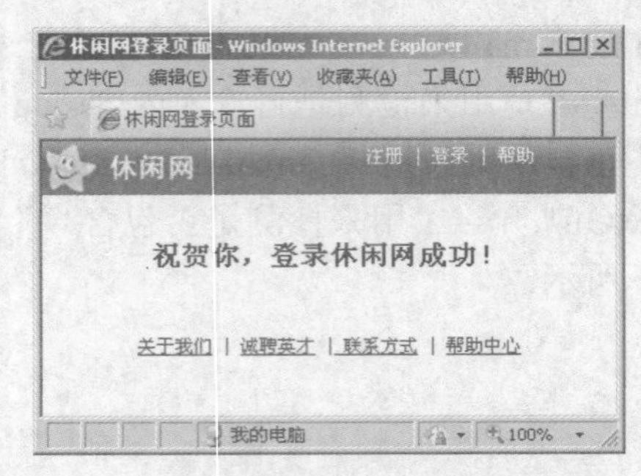

图 6.7　登录成功的页面

操作案例 1：验证电子邮箱

需求描述

根据提供的网站注册页面，验证电子邮箱输入框中输入内容的有效性，要求如下：

- 电子邮箱不能为空。
- 电子邮箱中必须包含符号“@”和“.”。
- 当电子邮箱输入框中的内容正确时，页面跳转到注册成功页面（register_success.htm）。

完成效果

运行效果如图 6.8 所示。

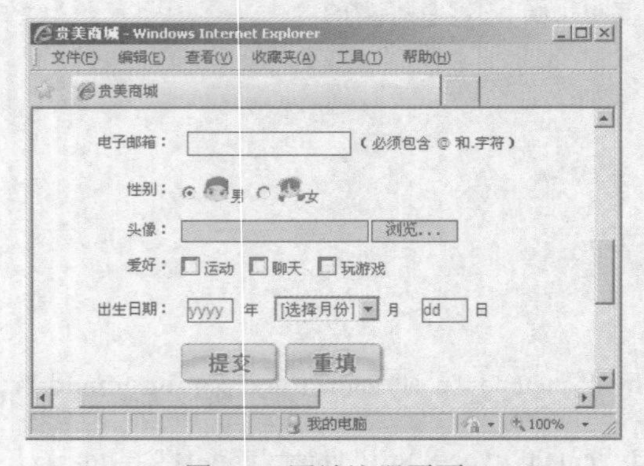

图 6.8　网站注册页面

技能要点

- String 对象的使用。
- 表单验证。

2.4 文本内容的验证

在网站的注册等页面中，除了要经常验证电子邮件的格式之外，用户名、密码等文本内容也经常需要验证。例如，验证文本框的内容不能为空，注册页面中两次输入的密码必须相同等，下面通过验证如图 6.9 所示的页面来学习如何验证文本框内容的合法性，要求如下：

- 密码不能为空，并且密码包含的字符不能少于 6 个。
- 两次输入的密码必须一致。
- 姓名不能为空，并且姓名中不能有数字。

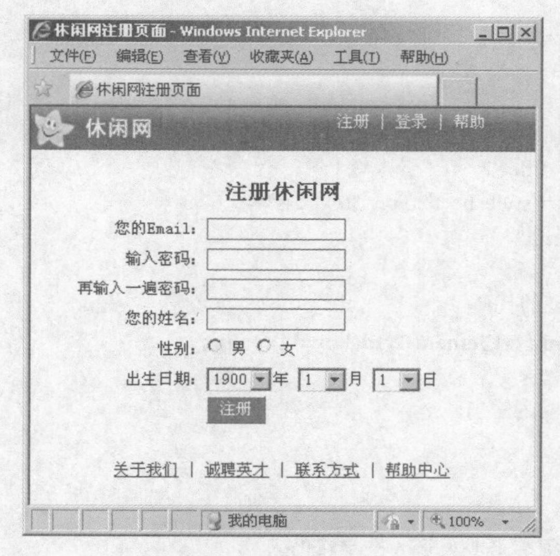

图 6.9 休闲网注册页面

我们来分析一下实现的思路。

（1）首先创建页面并插入一个表单，在表单中插入如图 6.9 所示的文本框，密码输入框的 id 分别为 pwd 和 repwd，姓名文本框的 id 为 user，最后编写脚本验证文本输入框中内容的有效性。

（2）使用 String 对象的 length 属性验证密码的长度，代码如下所示：

```
var pwd=document.getElementById("pwd").value;
if(pwd.length<6){
    alert("密码必须等于或大于 6 个字符");
    return false;
}
```

（3）验证两次输入的密码是否一致，当两个输入框的内容相同时，表示一致，代码如下所示：

```
var repwd=document.getElementById("repwd").value;
if(pwd!=repwd){
```

```
        alert("两次输入的密码不一致");
        return false;
    }
```

（4）判断姓名中是否有数字，首先使用 length 属性获取文本长度，然后使用 for 循环和 substring()方法依次截断单个字符，最后判断每个字符是否是数字，代码如下所示：

```
var user=document.getElementById("user").value;
for(var i=0;i<user.length;i++){
      var j=user.substring(i,i+1)
      if(isNaN(j)==false){    //isNaN 函数判断是否不是数字
            alert("姓名中不能包含数字");
            return false;
      }
}
```

根据以上的分析编写代码，完成休闲网注册页面的验证，完整的代码如示例 2 所示。

示例 2

```
<html>
<head>
<title>休闲网注册页面</title>
<link href="login.css" rel="stylesheet" type="text/css">
<script type="text/javascript">
function check(){
        /*省略 E-mail 验证的代码 */
        var pwd=document.getElementById("pwd").value;
        if(pwd==""){
            alert("密码不能为空");
            return false;
        }
        if(pwd.length<6){
            alert("密码必须等于或大于 6 个字符");
            return false;
        }
        var repwd=document.getElementById("repwd").value;
        if(pwd!=repwd){
            alert("两次输入的密码不一致");
            return false;
        }
        var user=document.getElementById("user").value;
            if(user==""){
            alert("姓名不能为空");
            return false;
        }
        for(var i=0;i<user.length;i++){
            var j=user.substring(i,i+1);
            if(isNaN(j)==false){
```

```
                alert("姓名中不能包含数字");
                return false;
            }
        }
        return true;
    }
</script>
</head>
<body>
…
  //省略部分 HTML 代码
  <form action="" method="post" name="myform" onsubmit="return check()">
  <tr>
    <td class="left">您的 E-mail:</td>
    <td><input id="email" type="text" class="inputs"/></td>
  </tr>
  <tr>
  <td class="left">输入密码：</td>
    <td><input id="pwd" type="password" class="inputs"/></td>
  </tr>
  <tr>
  <td class="left">再输入一遍密码：</td>
    <td><input id="repwd" type="password" class="inputs"/></td>
  </tr>
  <tr>
  <td class="left">您的姓名：</td>
    <td><input id="user" type="text" class="inputs"/></td>
  </tr>
  <tr>
  <td class="left">性别：</td>
    <td><input name="sex" type="radio" value="1" /> 男
    <input name="sex" type="radio" value="0" /> 女</td>
  </tr>
…
//省略部分 HTML 代码
```

在浏览器中运行示例 2，单击“注册”按钮时，如果没有输入密码，则弹出如图 6.10 所示的提示框；密码长度小于 6 时，弹出如图 6.11 所示的提示框；如果两次输入的密码不同，则弹出如图 6.12 所示的提示框；如图没有输入姓名，则提示姓名不能为空，如果输入的姓名中有数字，则弹出如图 6.13 所示的提示框。

图 6.10　密码不能为空

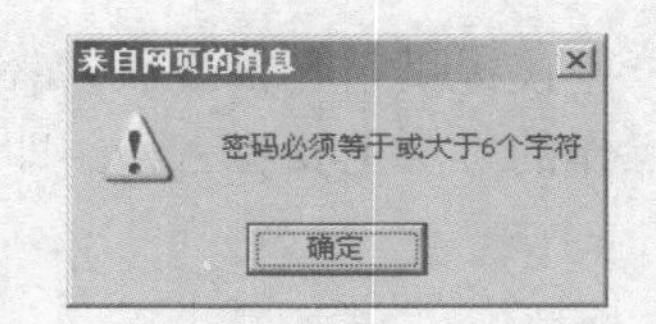

图 6.11　密码长度不能小于 6

图 6.12　两次输入的密码不同

图 6.13　姓名中不能有数字

操作案例 2：验证注册信息

需求描述

继续完善操作案例 1 的网站注册页面，验证其他个人输入信息的有效性，要求如下：

- 名字和姓氏不能为空，且名称和姓氏中不能有数字，当名字中出现数字时，弹出提示信息，如图 6.14 所示。
- 密码至少包含 6 个字符，并且两次输入的密码必须一致。

完成效果

运行效果如图 6.14 所示。

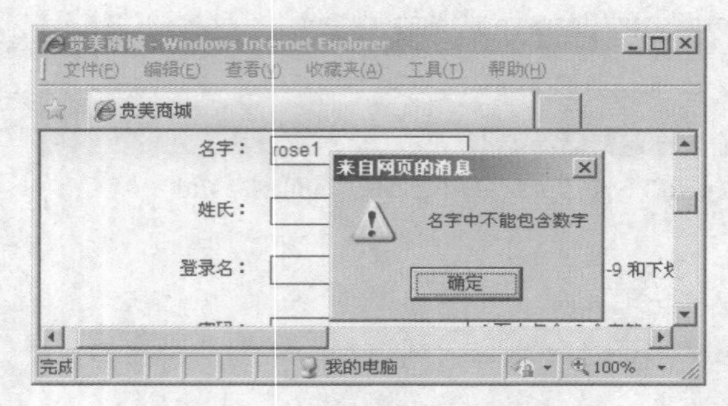

图 6.14　提示名字中不能包含数字

技能要点

- String 对象的使用。
- 表单验证。

前面学习的内容都是使用最基本的 JavaScript 代码来完成的各项验证，到目前为止，我们已经对 jQuery 的各项操作很熟悉了，接下来的学习，主要通过 jQuery 来完成各种验证信息。首先来看一下使用 jQuery 如何获取各个文本框等的内容。

3　jQuery 中的 DOM 内容操作

jQuery 不仅提供了元素节点、属性的操作，对 DOM 内容的操作也是非常灵活的。在 jQuery 中，内容操作的方法主要有三种，即 html()、text()和 val()方法，这几个方法的使用如表 6-2 所示。

表 6-2　jQuery 中的 DOM 内容获取方法

方法	描述
html()	返回或设置匹配元素的内容。 html()：返回匹配元素的内容。 html(content)：设置匹配元素的新内容为 content。 html(function(index,oldcontent))：返回设置 HTML 内容的一个函数。其中函数的参数为 index 和 oldcontent，代表元素的索引和原有内容
text()	返回或设置匹配元素的文本内容。 text()：返回匹配元素的文本内容组合。 text(content)：设置匹配元素的新内容为 content。 text(function(index,oldcontent))：返回设置内容的一个函数。其中函数的参数为 index 和 oldcontent，代表元素的索引和原有内容
val()	返回或设置匹配元素的值，该方法大多用于 input 元素。 val()：返回匹配元素的 value 属性的值。 val(content)：设置匹配元素的新 value 属性值为 content。 val(function(index,oldcontent))：返回设置内容的一个函数。其中函数的参数为 index 和 oldcontent，代表元素的索引和原有内容

了解了如上的内容，示例 1 中，在函数 check()中需要验证 E-mail 是否为空，代码可以改写成如下形式：

```
var mail=$("#email").val();
if(mail==""){
    alert("E-mail 不能为空");
    return false;
}
```

4　文本提示特效

在网上注册或填写各种表单时，经常会有某些文本框中显示自动提示信息，如图 6.15 所示的 E-mail 自动提示文本。当单击此文本框时提示文本自动被清除，文本框的效果发生变化，如图 6.16 所示。网上类似这样的效果有很多，这些效果是如何实现的呢？

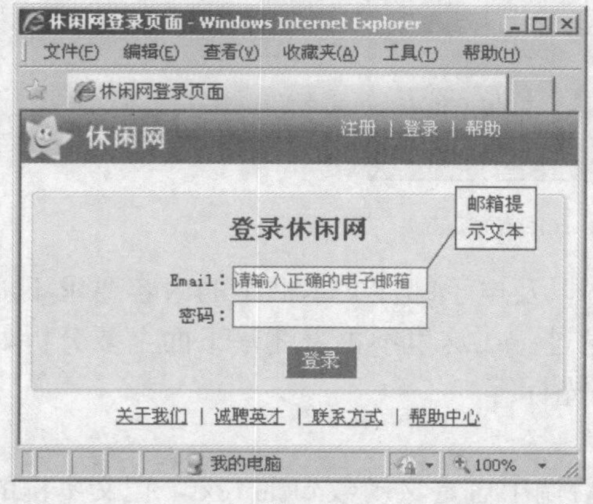

图 6.15　E-mail 文本框中自动显示提示文本

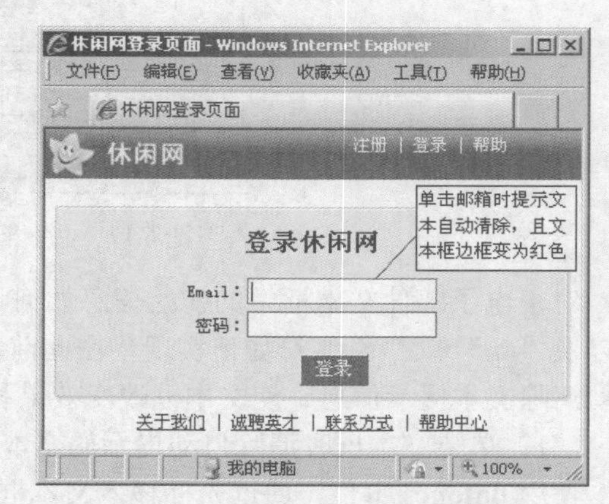

图 6.16　文本框边框的变化效果

4.1 表单验证事件和方法

文本框作为一个 HTML DOM 元素，可以应用 DOM 相关的方法和事件，通过这些方法和事件可改变文本框的效果。表 6-3 列出了常用的事件和方法。

表 6-3 表单验证常用的方法和事件

类别	名称	描述
事件	onblur	失去焦点，当光标离开某个文本框时触发
	onfocus	获得焦点，当光标进入某个文本框时触发
方法	blur()	从文本域中移开焦点
	focus()	在文本域中设置焦点，即获得鼠标光标
	select()	选取文本域中的内容，突出显示输入区域的内容

了解了文本框控件常用方法和事件之后，下面应用这些事件来动态地改变文本框的效果。以休闲网登录页面中的邮箱文本输入框为例进行讲解，要求如下：

- 文本框自动显示提示信息。
- 单击文本框时，清除自动提示的文本，并且文本框的边框变为红色。
- 单击“登录”按钮时，验证 E-mail 文本框不能为空，并且必须包含“@”和“.”字符。
- 当用户输入无效的电子邮件地址时，单击“登录”按钮将弹出错误的提示信息框。
- 单击提示信息框上的“确定”按钮之后，E-mail 文本框中的内容将被自动选中并且高亮显示，提示用户重新输入，如图 6.17 所示。

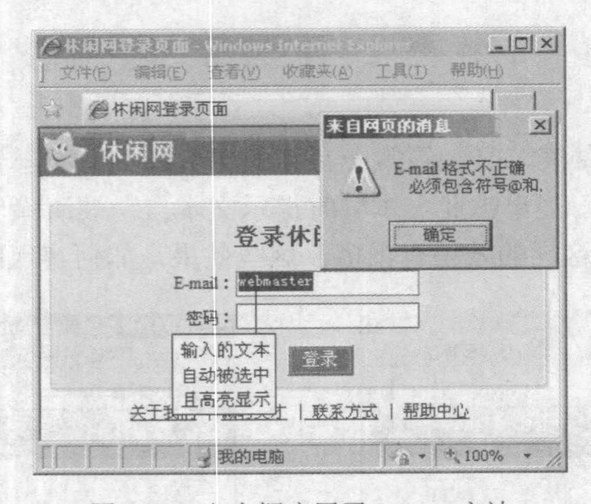

图 6.17 文本框应用了 select()方法

对于电子邮件文本框中的初始信息如何设置，以及电子邮件文本框中的内容要求不能为空以及“@”和“.”字符如何实现，在此前都已学过，在这里不再赘述。下面主要分析如何自动清除文本提示信息、使文本框改变效果和获得光标等。

（1）单击文本框时清除自动提示的文本信息。

使用 onfoucs 事件，通过光标移入文本框，然后调用自定义函数 clearText，把文本框的值设为空即可，并且设置文本框的边框颜色，关键代码如下：

```
var $mail=$("#email");
if($mail.val()=="请输入正确的电子邮箱"){
    $mail.val("");
    $mail.css("borderColor","#ff0000");
}
```

（2）弹出 E-mail 不能为空的信息，然后 E-mail 文本框获得焦点。

E-mail 文本框中没有输入任何内容时，给出提示并获取焦点，使用 jQuery 中的 focus()方法可让文本框获得焦点，代码如下：

```
$("#email").focus();
```

（3）自动选中 E-mail 文本框中的内容并且高亮显示。

要使用 jQuery 中的 select()方法，关键代码如下：

```
$("#email").select();
```

根据以上的分析，实现如上要求的代码如示例 3 所示。

示例 3

```
<script type="text/javascript">
function check() {
    var mail = $("#email").val();
    if(mail == "") {    //检测 E-mail 是否为空
        alert("E-mail 不能为空");
        $("#email").focus();
        return false;
    }
    if(mail.indexOf("@") == -1 || mail.indexOf(".") == -1) {
        alert("E-mail 格式不正确\n 必须包含符号@和.");
        $("#email").select();
        return false;
    }
    return true;
}
function clearText() {
    var $mail = $("#email");
    if($mail.val() == "请输入正确的电子邮箱") {
        $mail.val("");
        $mail.css("borderColor", "#ff0000");
    }
}

$(function() {
    //绑定获得焦点事件
    $("#email").focus(clearText);
    //提交表单
    $("#myform").submit(function() {
        return check();
```

```
        });
    });
</script>
```

以上学习了互联网上表单验证的几种特效，有时当表单中输入不合要求的内容时，并不是以弹出提示信息框的方式警示，而是直接在文本框后面显示提示信息，如图 6.18 所示的效果。由于“再输入一遍密码”和“您的姓名”文本框中的内容不符合要求，光标离开文本框时，直接在对应的文本框后面提示错误信息，从而使用户方便、及时、有效地改正输入的错误信息，那么这样的效果如何实现呢？

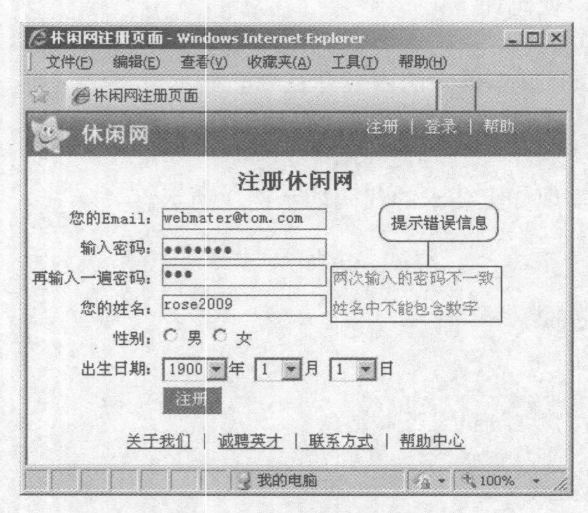

图 6.18　文本输入提示效果

4.2　文本输入提示特效

文本输入提示特效就是当鼠标离开文本域时，验证文本域中的内容是否符合要求，如果不符合要求则要即时地提示错误信息。

下面以休闲网注册页面为例，学习如何制作文本输入提示特效。

首先来看一下思路分析。

（1）由于错误信息是动态显示的，可以把错误信息动态地显示在 div 中，然后使用 jQuery 的 html()方法，设置<div>和</div>之间的内容。以 E-mail 为例，表单元素和相关错误信息显示的 HTML 代码如下：

```
<input id="email" type="text" class="inputs" />
<div class="red" id="DivEmail"></div>
```

（2）编写脚本验证函数。首先设置 div 中的内容为空，然后验证 E-mail 是否符合要求，如果不符合要求，则使用 html()方法在 div 中显示错误信息，代码如下：

```
function checkEmail() {
    var $mail = $("#email");
    var $divID = $("#DivEmail");
    $divID.html("");
    if($mail.val() == "") {
```

```
            $divID.html("E-mail 不能为空");
            return false;
        }
        if($mail.val().indexOf("@") == -1) {
            $divID.html("E-mail 格式不正确，必须包含@");
            return false;
        }
        if($mail.val().indexOf(".") == -1) {
            $divID.html("E-mail 格式不正确，必须包含.");
            return false;
        }
        return true;
    }
```

（3）由于页面中的错误提示信息都是当鼠标指针离开文本域时显示的，因此可以知道是鼠标失去焦点时出现的即时提示信息，所以要用到前面学过的 blur()事件方法。以验证 E-mail 为例，代码如下：

```
$("#email").blur(checkEmail);      // checkEmail 为验证函数
```

根据以上分析及给出的关键代码，实现休闲网注册页面验证的代码，如示例 4 所示。

示例 4

```
<script type="text/javascript">
//验证 E-mail
function checkEmail() {
//省略代码
}
//验证密码
function checkPass() {
    var $pwd = $("#pwd");
    var $divID = $("#DivPwd");
    $divID.html("");
    if($pwd.val() == "") {
        $divID.html("密码不能为空");
        return false;
    }
    if($pwd.val().length < 6) {
        $divID.html("密码必须等于或大于 6 个字符");
        return false;
    }
    return true;
}
//验证重复密码
function checkRePass() {
    var $pwd = $("#pwd");          //输入密码
    var $repwd = $("#repwd");      //再次输入密码
    var $divID = $("#DivRepwd");
```

```
            $divID.html("");
            if($pwd.val() != $repwd.val()) {
                $divID.html("两次输入的密码不一致");
                return false;
            }
            return true;
        }
        //验证用户名
        function checkUser() {
        //省略代码
        }
        $(function() {
            //绑定失去焦点事件
            $("#email").blur(checkEmail);
            $("#pwd").blur(checkPass);
            $("#repwd").blur(checkRePass);
            $("#user").blur(checkUser);
            //提交表单，调用验证函数
            $("#myform").submit(function () {
                var flag = true;
                if(!checkEmail()) flag = false;
                if(!checkPass()) flag = false;
                if(!checkRePass()) flag = false;
                if(!checkUser()) flag = false;
                return flag;
            });
        });
        </script>
```

在浏览器中运行示例 4，单击 E-mail 文本输入框，然后什么内容也没有输入，使鼠标离开 E-mail 文本框，将提示“E-mail 不能为空”的错误信息，如图 6.19 所示。如果 E-mail 输入的内容不符合要求，将根据情况显示不同的错误信息，如果 E-mail 输入的内容符合要求，则不会显示任何提示信息。

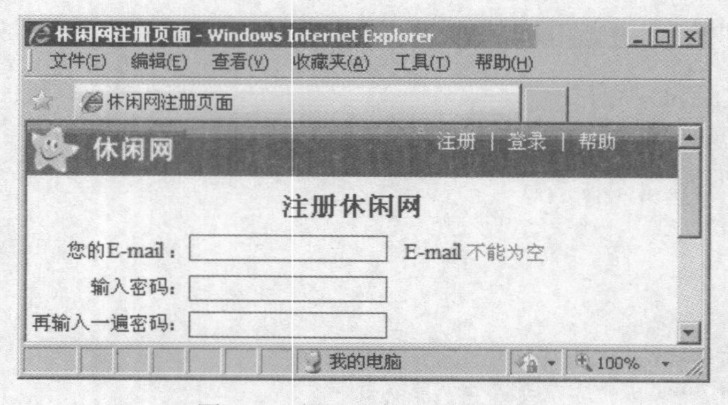

图 6.19　提示 E-mail 不能为空

操作案例 3：改进验证注册信息

需求描述

继续完善操作案例 2 的网站注册页面，使用文本输入提示的方式验证贵美商城网站的注册页面，验证要求如下：

- 名字和姓氏均不能为空，并且不能有数字。
- 密码不能少于 6 位，两次输入的密码必须相同。
- 电子邮箱不能为空，并且必须包含符号“@”和“.”。

完成效果

页面完成后，如果文本框中输入的内容不符合要求，离开该文本框，将在对应的文本框后面显示错误的提示信息，如图 6.20 所示。

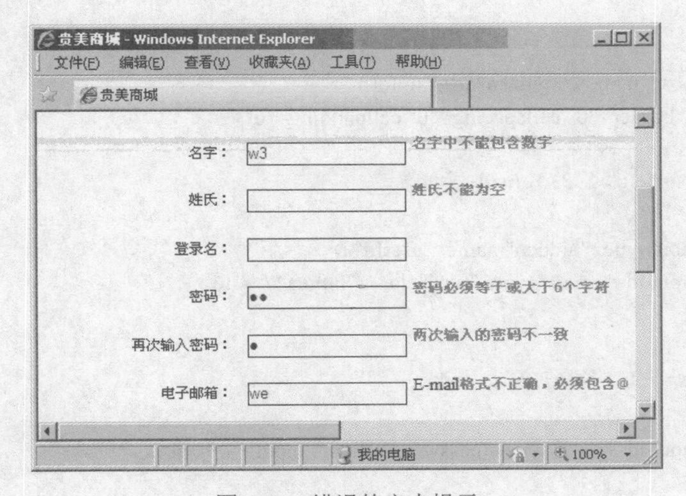

图 6.20　错误的文本提示

技能要点

- 表单验证的事件和方法。
- 文本提示特效。

5　表单选择器

在前面的表单验证效果中，jQuery 起的一个主要作用就是使用选择器获取元素，所用的选择器主要是 ID 选择器，但是在一些复杂的表单中，有时候需要获取多个表单元素，事实上 jQuery 提供了专门针对表单的一类选择器，这就是表单选择器。

5.1　表单选择器概述

顾名思义，表单选择器就是用来选择文本输入框、按钮等表单元素。首先来看一个示例效果，后续的学习都以此表单为例。如图 6.21 所示的表单元素的效果图，它所对应的代码为示例 5 的代码。

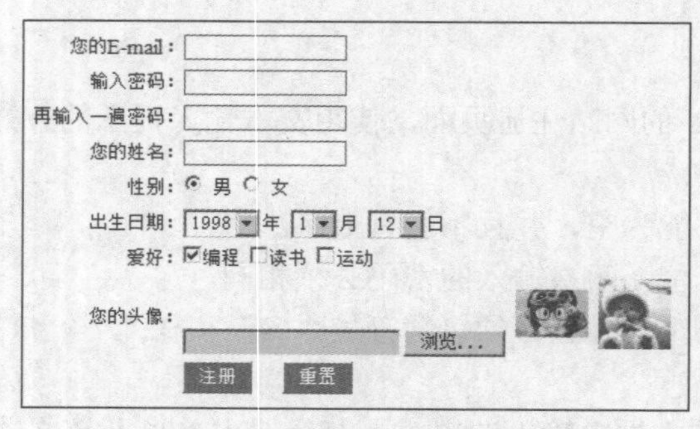

图 6.21　表单选择器示例表单

示例 5

```
<form method="post" name="myform" id="myform">
<table id="center" border="0" cellspacing="0" cellpadding="0">
    <tr>
        <td class="left">您的 E-mail：</td>
        <td>
            <input type="hidden" name="userId" />
            <input id="email" type="text" class="inputs" /></td>
    </tr>
    <tr>
        <td class="left">输入密码：</td>
        <td>
            <input id="pwd" type="password" class="inputs" /></td>
    </tr>
    <tr>
        <td class="left">再输入一遍密码：</td>
        <td>
            <input id="repwd" type="password" class="inputs" /></td>
    </tr>
    <tr>
        <td class="left">您的姓名：</td>
        <td>
            <input id="user" type="text" class="inputs" /></td>
    </tr>
    <tr>
        <td class="left">性别：</td>
        <td>
            <input name="sex" type="radio" value="1" />
            男
            <input name="sex" type="radio" value="0" />
            女</td>
```

```
        </tr>
        <tr>
            <td class="left">出生日期：</td>
            <td>
                <select name="year">
                    <option value="1998">1998</option>
                </select>年
                <select name="month">
                    <option value="1">1</option>
                </select>月
                <select name="day">
                    <option value="12">12</option>
                </select>日</td>
        </tr>
        <tr>
            <td class="left">爱好：</td>
            <td>
                <input type="checkbox" />编程
                <input type="checkbox" />读书
                <input type="checkbox" />运动
            </td>
        </tr>
        <tr>
            <td class="left">您的头像：</td>
            <td>
                <input id="fileImgHeader" type="file" />
                <img id="imgHeader" src="images/header1.jpg" />
                <input type="image" src="images/header2.jpg" /></td>
        </tr>
        <tr>
            <td> </td>
            <td>
                <input name="btn" type="submit" value="注册" class="rb1" />
                <input name="btn" type="reset" value="重置" class="rb1" />
                <input type="button" style="display: none" />
                <button type="button" style="display: none"></button>
            </td>
        </tr>
    </table>
    </form>
```

表 6-4 列举了各种表单选择器，并使用这些选择器对示例 5 的表单元素进行选取。

表 6-4　表单选择器

语法	描述	示例
:input	匹配所有 input、textarea、select 和 button 元素	$("#myform:input")选取表单中所有的 input、select 和 button 元素

续表

语法	描述	示例
:text	匹配所有单行文本框	$("#myform:text")选取 E-mail 和姓名两个 input 元素
:password	匹配所有密码框	$("#myform:password")选取两个<input type="password"/>元素
:radio	匹配所有单选按钮	$("#myform:radio")选取性别对应的两个<input type="radio" />元素
:checkbox	匹配所有复选框	$("#myform:checkbox")选取 3 个<input type="checkbox" />元素
:submit	匹配所有提交按钮	$("#myform:submit")选取 1 个<input type="submit " />元素
:image	匹配所有图像域	$("#myform:image")选取 1 个<input type="image" />元素
:reset	匹配所有重置按钮	$("#myform:reset")选取 1 个<input type="reset" />元素
:button	匹配所有按钮	$("#myform:button")选取最后 2 个 button 元素
:file	匹配所有文件域	$("#myform:file")选取 1 个<input type="file" />元素
:hidden	匹配所有不可见元素，或者 type 为 hidden 的元素	$("#myform:hidden")选取的元素包括 3 个 option 元素、1 个<input type="hidden" />元素、style="display: none"的 2 个 button 元素

除了基本的表单选择器，jQuery 中还提供了针对表单元素的属性过滤器，按照表单元素的属性获取特定属性的表单元素。示例 6 展示了包含了不同属性的表单元素，对应的效果如图 6.22 所示。表 6-5 展示了各种表单元素属性过滤器，并使用这些属性过滤器选取示例 6 中的表单元素。

示例 6

```
<form id="userform" name="userform">
    编号：<input name="code" disabled="disabled" />
    姓名：<input name="name" />
    性别：
    <input name="sex" type="radio" value="1" checked="checked"/>男
    <input name="sex" type="radio" value="0" />女
    爱好：
    <input type="checkbox" checked="checked" />编程
    <input type="checkbox" />读书
    <input type="checkbox" />运动
    家乡：
    <select name="hometown">
    <option value="1" selected="selected">北京
</option>
    <option value="2">上海</option>
    <option value="3">天津</option>
    </select>
</form>
```

编号： 10010
姓名： 张三
性别： 男 女
爱好： 编程 读书 运动
家乡： 北京

图 6.22 表单属性过滤器示例表单

表 6-5 表单属性过滤器

语法	描述	示例
:enabled	匹配所有可用元素	$("#userform:enabled")匹配 form 内部除编号输入框外的所有元素
:disabled	匹配所有不可用元素	$("#userform:disabled")匹配编号输入框
:checked	匹配所有被选中元素（复选框、单选按钮、select 中的 option）	$("#userform:checked")匹配“性别”中的“男”选项和“爱好”中的“编程”选项
:selected	匹配所有选中的 option 元素	$("#userform:selected")匹配“家乡”中的“北京”选项

5.2 多行数据的验证

在现实的信息系统开发中，通常需要批量提交数据，如图 6.23 所示的页面效果，可以一次性提交多条供应商的数据，在提交之前需要对所有的数据进行验证。其中所有的信息都必须填写，银行账号必须是 13～19 位的数字。

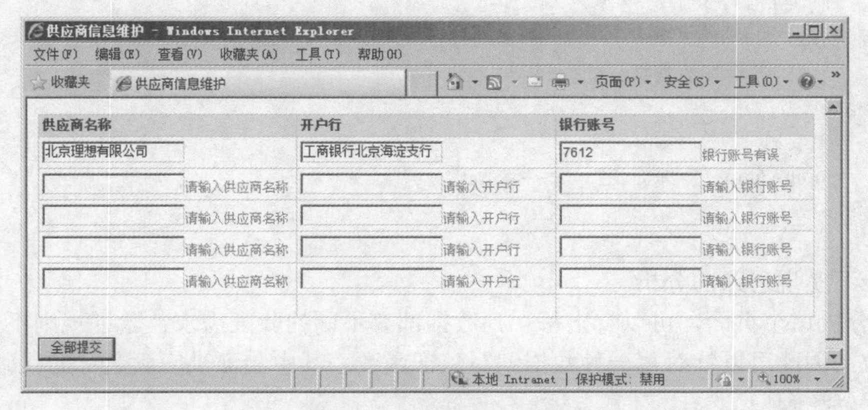

图 6.23 验证供应商信息

对应的表单的主要代码如示例 7 所示。

示例 7

```
<form method="post" id="vendorForm">
    <table cellspacing="1" cellpadding="3" >
        <!--省略表头代码-->
```

```
            <tr align="left">
                <td>
                    <input id="venders_0_CompanyName" type="text"
                        name="venders[0].CompanyName">
                </td>
                <td>
                    <input id="venders_0_Bank" type="text"
                        name="venders[0].Bank">
                </td>
                <td>
                    <input id="venders_0_Account" type="text"
                        name="venders[0].Account">
                </td>
            </tr>
            <tr align="left">
                <td>
                    <input id="venders_1_CompanyName" type="text"
                        name="venders[1].CompanyName">
                </td>
                <td>
                    <input id="venders_1_Bank" type="text"
                        name="venders[1].Bank">
                </td>
                <td>
                    <input id="venders_1_Account" type="text"
                        name="venders[1].Account">
                </td>
            </tr>
              <!--省略其他数据行的代码-->
        </table>
        <p>
            <input value="全部提交" type="submit">
        </p>
    </form>
```

来看一下实现思路的分析。

（1）分析这个页面，可以看出每一列数据都有不同的验证需求，验证规则不一致，验证提示不一致，因此可以针对每一种数据编写验证函数。其中验证供应商名称的代码如下：

```
//验证供应商名称
function checkCompanyName($name) {
    if($name.val() == "") {     //验证不通过，显示提示
        if($name.find("~span").length == 0) {
            $name.after("<span>请输入供应商名称</span>");
        }
        return false;
    }
    else {     //验证通过，清除提示
```

```
            $name.find("~span").remove();
            return true;
        }
    }
```

在上述代码中，$name 表示要验证的输入框元素，提示信息采用的是动态添加 DOM 的方式，在表单元素后面动态添加一个提示信息。为了避免提示信息的<span/>元素重复添加，因此使用$name.find("~span")判断该元素是否已存在，"~span"选择器用来查找输入框的兄弟<span/>元素。

（2）下面要做到表单元素失去焦点时激发验证，即使用 blur()事件方法绑定前面实现的验证函数。以“供应商名称”输入框为例，id 分别是“venders_0_CompanyName”“venders_1_CompanyName”……可以看出一个规律，所有输入框都以序号区分不同行的“供应商名称”输入框，利用这个规律，结合前面表单选择器的知识，就可以做到一次性把所有的“供应商名称”输入框绑定验证函数，代码如下：

```
//激发验证供应商名称
$(function() {
    $(":input[id*='CompanyName']").blur(function() {
        checkCompanyName($(this));
    });
})
```

上述代码中，表单选择器和属性选择器配合使用，用来查找 id 值中包含“CompanyName”的表单元素。

（3）要做到表单提交时，激发对所有表单元素的验证，利用上一步分析的选择器，可以获取到所有的输入框，然后对每个输入框进行相应的验证，需要使用到 jQuery 的 each()方法，相当于循环获取到的 DOM 元素，然后执行验证规则，用法如下面的代码所示：

```
var flag = true;
$(":input[id*='CompanyName']").each(function() {
    if(!checkCompanyName($(this))) flag = false;
});
```

客户端验证代码如示例 8 所示。

示例 8

```
//验证供应商名称
function checkCompanyName($name) {
    //省略代码
}

//验证开户行
function checkBank($bank) {
    if($bank.val() == "") {
        if($bank.find("~span").length == 0) {
            $bank.after("<span>请输入开户行</span>");
        }
        return false;
```

```
        }
        else {
            $bank.find("~span").remove();
            return true;
        }
    }
    //验证银行账号
    function checkAccount($account) {
        //必填验证
        if($account.val() == "") {
            $account.find("~span").remove();
            $account.after("<span>请输入银行账号</span>");
            return false;
        }
        else {
            var reg = /^\d{13,19}$/;     // 匹配 13~19 位银行卡号
            if(reg.test($account.val()) == false) {
                $account.find("~span").remove();
                $account.after("<span>银行账号有误</span>");
                return false;
            }
            else {
                $account.find("~span").remove();
                return true;
            }
        }
    }

    $(function() {
        //输入框失去焦点验证
        $(":input[id*='CompanyName']").blur(function() {
            checkCompanyName($(this));
        });
        $(":input[id*='Bank']").blur(function() {
            checkBank($(this));
        });
        $(":input[id*='Account']").blur(function() {
            checkAccount($(this));
        });
        //表单提交验证
        $("#vendorForm").submit(function() {
            var flag = true;
            $(":input[id*='CompanyName']").each(function() {
                if(!checkCompanyName($(this))) flag = false;
            });
            $(":input[id*='Bank']").each(function() {
```

```
                if(!checkBank($(this))) flag = false;
            });
            $(":input[id*='Account']").each(function() {
                if(!checkAccount($(this))) flag = false;
            });
            return flag;
        });
    })
```

注意：行业里涌现出来很多开源的验证插件，例如 jQuery-Validate 验证库，为表单验证提供更加丰富灵活而且简洁的方法，不但提供了大量的定制选项，还提供了满足不同需求的各种自定义选项，感兴趣的读者可以自行在网络上搜索学习这方面的内容。

本章总结

- 验证数据格式是否正确、验证数据的范围、验证数据的长度等。
- 在表单校验中通常需要用到 String 对象的成员，包括 indexOf()、substring()和 length 等。
- 表单校验中常用的两个事件是 onsubmit 和 onblur，常用来激发验证。
- 使用表单选择器和表单属性过滤器可以方便地获取匹配的表单元素。

本章作业

1．简述 String 对象常用的属性和方法及各自的含义。

2．说出两种获取用户输入文本框内容的方法。

3．制作企业邮箱登录页面，验证用户名和密码的有效性，要求如下：

（1）用户名和密码均不能为空，并且用户名和密码的长度不能小于 6 位，如果输入的内容不符合要求，就弹出相应的错误警示框。

（2）用户名只能由字母和数字组成，如果用户名中有其他字符就弹出错误警示框，如图 6.24 所示。

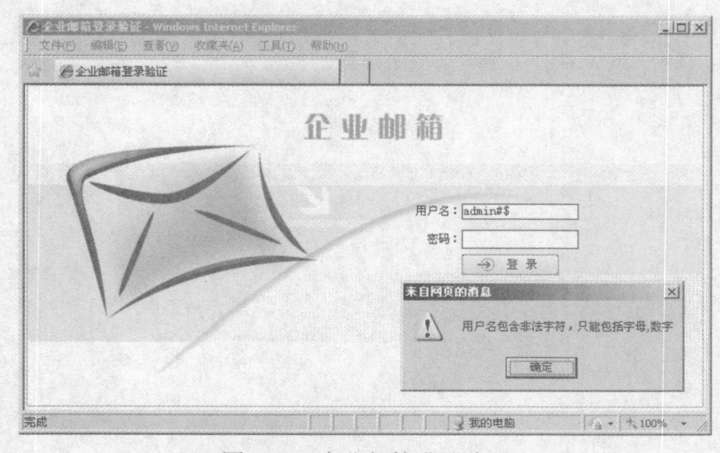

图 6.24　企业邮箱登录验证

4. 制作泡泡网注册页面，制作文本输入提示特效，验证页面数据的有效性，要求如下。

（1）用户名和密码不能为空，并且密码的长度在 6～12 之间。

（2）验证性别是否被选中，如果没有选中则进行提示。

（3）所有的提示都在对应的表单元素后面，如图 6.25 所示。

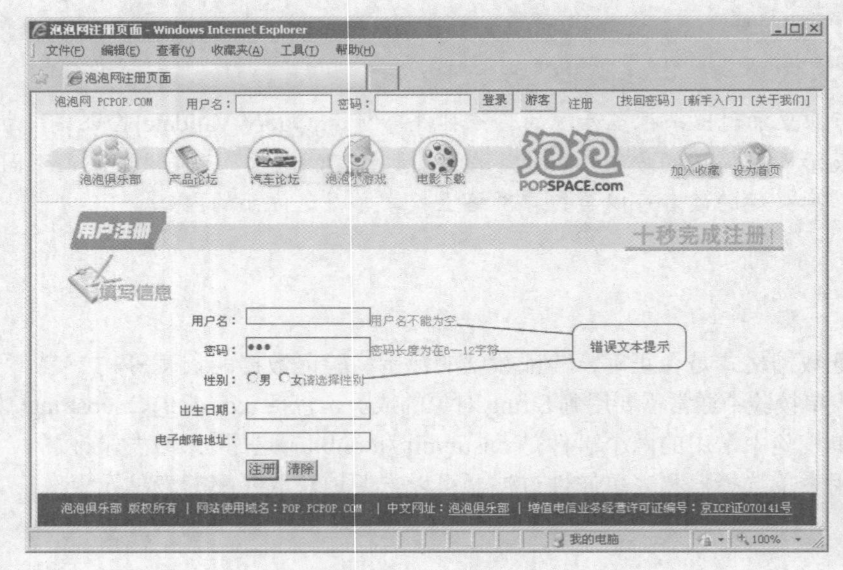

图 6.25　注册验证

5. 请登录课工场，按要求完成预习作业。

第7章

jQuery中的Ajax

本章技能目标

- 会使用 Ajax 获取文件
- 会使用 JSON 保存数据并灵活应用

本章简介

在网络世界里，数据交换每分每秒都在进行，每一次的数据交换、信息更新不但会增加服务器的负担，同时增加了客户端的等待时间。你一定遇到过这样的情况，需要更新页面的某一部分的内容，而不是全部内容，不增加任何不必要的负担，接下来就介绍这种技术的实现。

本章在 jQuery 的基础上，深入学习使用 jQuery 提升用户体验度技术。本章将介绍使用 Ajax 数据异步交互技术，实现数据的及时交互，并学习使用 jQuery 封装的常用 Ajax 方法，简化 Ajax 操作，最后还会掌握一种新的数据格式——JSON。通过本章的学习，将提升我们的 Web 开发能力。

1 认识 Ajax

1.1 Ajax 应用

随着互联网的广泛应用，基于 B/S 结构的 Web 应用程序越来越受到推崇。但不可否认的是，B/S 架构的应用程序在界面效果及操控性方面比 C/S 架构的应用程序差很多，这也是 Web 应用程序普遍存在的一个问题。

在传统的 Web 应用中，每次请求服务器都会生成新的页面，用户在提交请求后，总是要等待服务器的响应。如果前一个请求没有得到响应，则后一个请求就不能发送。由于这是一种独占式的请求，因此如果服务器响应没有结束，用户就只能等待或者不断地刷新页面。在等待期间，由于新的页面没有生成，整个浏览器将是一片空白，而用户只能继续等待。对于用户而言，这是一种不连续的体验，同时，频繁地刷新页面也会使服务器的负担加重。

Ajax 技术正是为了弥补以上不足而诞生的。Ajax 应用采用异步请求模式，不用每次请求都重新加载页面。发送请求后不需要等待服务器响应，而是可以继续原来的操作，在服务器响应完成后，浏览器再将响应展示给用户。

使用 Ajax 技术，从用户发送请求到获得响应，当前用户界面在整个过程中不会受到干扰。而且可以在必要的时候只刷新页面的一小部分，而不用刷新整个页面，即“无刷新”技术。如图 7.1 所示，新浪微博更新内容就使用了 Ajax 技术，在浏览微博的时候，如果有新消息出现，页面给出提示，点击刷新后，页面中仅仅是加载新的微博内容，已经获取到的微博内容并不会再次请求刷新，这就避免了重复加载、浪费网络资源的现象。这是无刷新技术的第一个优势。

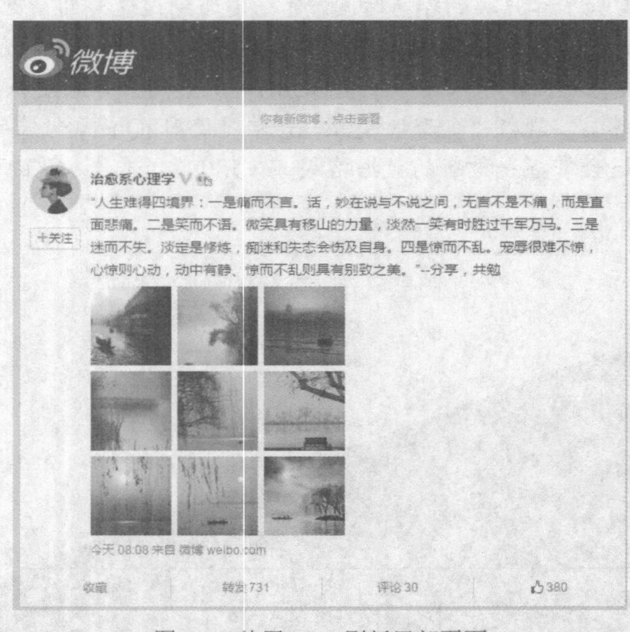

图 7.1　使用 Ajax 刷新局部页面

再以土豆网为例，在观看视频的时候，我们可以在页面上单击其他按钮执行操作。由于只是局部刷新，视频可以继续播放，不会受到影响。这体现了无刷新技术的第二个优势：提供连续的用户体验，而不被页面刷新中断。

最后看一下 Google 网的例子。由于采用了无刷新技术，我们可以实现一些以前 B/S 程序很难做到的事情，如图 7.2 中 Google 地图提供的拖动、放大、缩小等操作。Ajax 强调的是异步发送用户请求，在一个请求的服务器响应还没返回时，可以再次发送请求。这种发送请求的模式可以使用户获得类似桌面程序的用户体验。

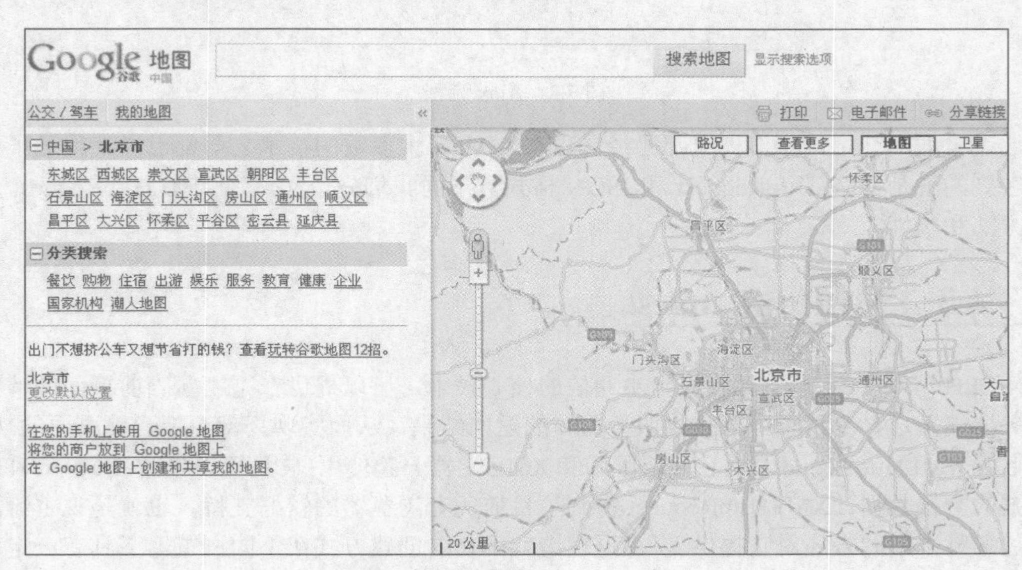

图 7.2 类似桌面程序的用户体验

1.2 Ajax 工作原理

通过前面的介绍我们已经知道，使用 Ajax 技术可以通过 JavaScript 发送请求到服务器，在服务器响应结束后，可以根据返回结果只更新局部页面，提供连续的客户体验，那么到底什么是 Ajax 呢？

Ajax（Asynchronous JavaScript and XML）并不是一种全新的技术，而是整合了 JavaScript、XML、CSS 等几种现有技术而成。Ajax 的执行流程是，在用户界面触发事件调用 JavaScript，通过 Ajax 引擎——XMLHttpRequest 对象异步发送请求到服务器，服务器返回 XML、JSON 或 HTML 等格式的数据，然后利用返回的数据使用 DOM 和 CSS 技术局部更新用户界面。整个工作流程如图 7.3 所示。

通过图 7.3 可以发现，Ajax 的关键元素包括以下内容：

- JavaScript 语言：Ajax 技术的主要开发语言。
- XML / JSON / HTML 等：用来封装请求或响应的数据格式。
- DOM（文档对象模型）：通过 DOM 属性或方法修改页面元素，实现页面局部刷新。
- CSS：改变样式，美化页面效果，提升用户体验度。

- Ajax 引擎：即 XMLHttpRequest 对象，以异步方式在客户端与服务器端之间传递数据。

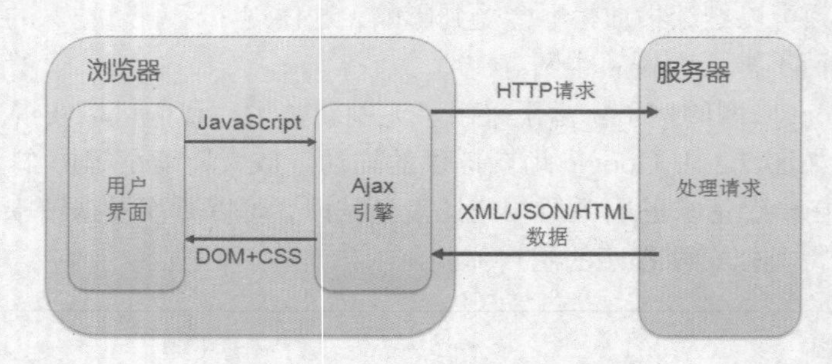

图 7.3　Ajax 流程

通过上面的介绍，相信大家都已经看出来，Ajax 大多数的技术之前都已经使用过了，没有接触到的就是 XMLHttpRequest 和 JSON 格式。下面我们先一起认识 XMLHttpRequest 及其常用方法和属性。

1.3　认识 XMLHttpRequest

XMLHttpRequest 对象是实现异步通信的核心技术，可以提供在不刷新当前页面的情况下向服务器端发送异步请求，并接收服务器端的返回结果，从而实现局部更新当前页面的功能。尽管名为 XMLHttpRequest，但它并不限于和 XML 文档一起使用，它还可以接收 JSON 或 HTML 等格式的文档数据。XMLHttpRequest 得到了目前所有浏览器的较好支持，也就是说主流浏览器通过各种不同的方式对它提供支持，这也造就了它的创建方式在不同浏览器下具有一定的差别，但是核心功能是不变的。

使用 XMLHttpRequest 对象实现异步通信，首先必须要创建一个 XMLHttpRequest 对象。目前来说 XMLHttpRequest 对象还没有一个统一的标准，尽管 W3C 组织已经开始着手这件事。由于不同的浏览器或者不同版本的浏览器对 XMLHttpRequest 对象的支持稍有不同，所以创建 XMLHttpRequest 对象就要考虑到它的兼容性。老版本 IE（IE 5 和 IE 6）创建的是 ActiveXObject 对象。

如下是创建 XMLHttpRequest 对象的语法：

```
XMLHttpRequest = new XMLHttpRequest();
```

例如创建 XMLHttpRequest 对象的代码如下：

```
<script>
var xmlHttpRequest;
if(window.XMLHttpRequest) {        //返回值为 true 时说明是新版本 IE 或其他浏览器
        xmlHttpRequest = new XMLHttpRequest();
}else{             //返回值为 false 时说明是老版本 IE 浏览器（IE 5 和 IE 6）
        xmlHttpRequest = new ActiveXObject("Microsoft.XMLHTTP");
}
 </script>
```

创建了对象，接下来就是使用这个对象。XMLHttpRequest 对象提供了一系列的方法和属性来帮助我们实现异步通信。常用属性和方法如表 7-1 和表 7-2 所示。

表 7-1　XMLHttpRequest 的常用属性

属性名称	说明
readyState	返回请求的当前状态
status	返回当前请求的 HTTP 状态码
responseText	以文本形式获取响应值
responseXML	以 XML 形式获取响应值，并且解析成 DOM 对象返回
statusText	返回当前请求的响应行状态
onreadystatechange	设置回调函数

表 7-2　XMLHttpRequest 的常用方法

方法名称	说明
open()	用于创建一个新的 HTTP 请求，并规定请求的类型、URL 以及是否异步处理请求
send()	发送请求到服务器端并接收回应
abort()	取消当前请求
setRequestHeader()	单独设置请求的某个 HTTP 头信息
getResponseHeader()	从响应中获取指定的 HTTP 头信息
getAllResponseHeaders()	获取响应的所有 HTTP 头信息

了解了 XMLHttpRequest 对象的方法和属性后，下面一起来学习如何使用 XMLHttpRequest 实现 Ajax。

简单地说使用 XMLHttpRequest 对象实现异步通信的大致步骤如下：

（1）创建 XMLHttpRequest 对象实例。

（2）通过 open()方法创建请求，与服务器取得联系。

（3）获得 onreadystatechange 事件的处理权，以便接收处理服务器返回的响应信息。

（4）通过 send()方法发送请求。

了解了以上的内容，接下来我们就进入 jQuery 中的 Ajax 实现。

操作案例 1：IIS 服务器的搭建

需求描述

在本地系统中搭建 IIS 虚拟服务器，提供虚拟服务器运行环境，搭建网站。

具体实现步骤请读者自行查阅资料完成。

2　jQuery 中的 Ajax

在 jQuery 中已经将 Ajax 相关的操作都进行了封装，使用时只需要在合适的地方调用 Ajax 相关的方法即可，相比而言，使用 jQuery 实现 Ajax 更加简洁、方便。

jQuery 提供了很多封装 Ajax 的方法，通过这些方法，就可以使用 Get 或 Post 从服务器远端请求文本、HTML、XML 或 JSON 等形式的数据，同时可以进行信息筛选，获得你想要的数据。表 7-3 列举了常用的 jQuery 实现 Ajax 的方法及其使用说明。

表 7-3　jQuery Ajax 的常用方法

方法名称	说明
ajax()	执行一个异步 HTTP（Ajax）请求
get()	通过 HTTP GET 请求从服务器加载数据
post()	通过 HTTP POST 请求从服务器加载数据
load()	从服务器加载数据，并把返回的 HTML 插入到匹配的 DOM 元素中
getJSON()	通过 HTTP GET 请求从服务器加载 JSON 编码格式的数据
getScript()	通过 HTTP GET 请求从服务器加载 JavaScript 文件并执行该文件

下面就通过案例来了解一下这些常用方法是如何使用的。

2.1　get()方法与 post()方法

jQuery 中的 get()和 post()方法通过 HTTP GET 和 POST 请求从服务器请求数据。二者都是从服务器获取所需数据，但是还是各有差别。

get()方法通过 HTTP GET 请求从服务器获取数据，它是通过查询字符串的方式来传递请求信息的，直白一些说就是 HTTP GET 的工作方式决定了 jQuery get()的工作方式，基本上从服务器获取（取回）数据时使用 get()较普遍。get()的语法如下：

```
$.get(url,data,success(response,status,xhr),dataType)
```

参数说明见表 7-4。

表 7-4　$.get()的参数说明

参数	说明
url	必需。规定将请求发送给的 URL 地址。
data	可选。规定连同请求发送到服务器的数据。
success(response,status,xhr)	可选。当请求成功时运行的回调函数。其中： ● response：包含来自请求的结果数据 ● status：包含请求的状态 ● xhr：包含 XMLHttpRequest 对象
dataType	可选。服务器返回的数据类型，可能的数据类型：xml、html、json、script、jsonp、text

接下来看一个简单的示例 1。在服务器端存在文本文件 text.txt，文本数据内容如图 7.4 所示。

客服端单击按钮向服务器请求读取 text.txt 中的文本信息，运行结果如图 7.5、图 7.6 所示。

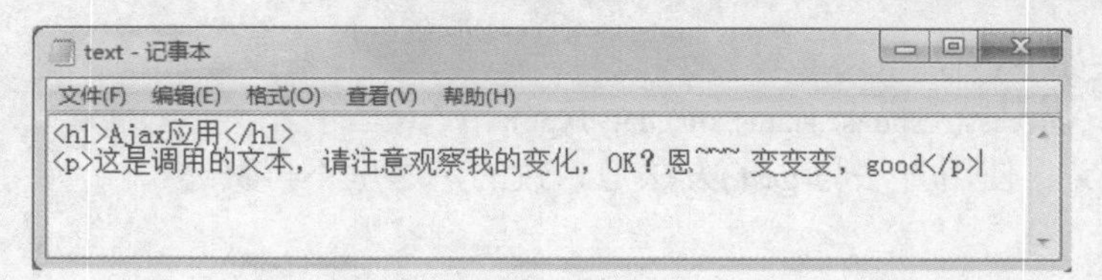

图 7.4　服务器端文本内容

图 7.5　客户端请求数据前

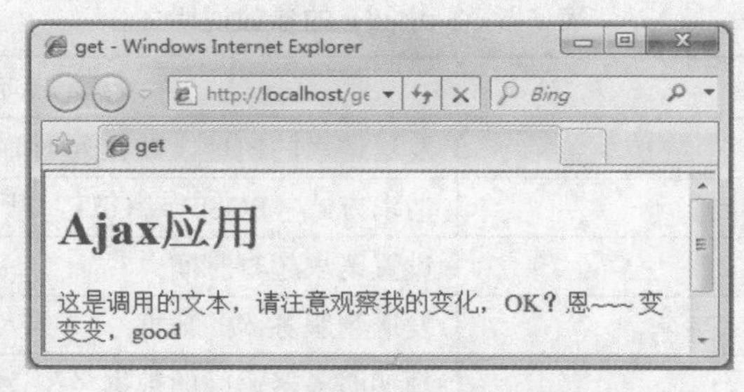

图 7.6　客户端请求数据后

实现这个示例 1 的功能，使用到 get()方法，其代码如示例 1 所示。

示例 1

```
<script>
$(function(){
    $("#b01").click(function(){
        $.get("数据/text.txt",function(data){
            $("#myDiv").html(data);
        },"text");
    });
});
 </script>
```

在这个示例中，简化了 get()方法的使用，只传递了 URL 和回调函数参数。get()方法以异步的方式向服务器发送了请求，然后把响应信息存在了回调函数的参数中，这样就完成了以此异步通信的过程。客户端通过读取回调函数的参数 data，进行解析后显示在客户端$("#myDiv").html(data)。

前面已经了解过，GET 和 POST 二者都是从服务器获取所需数据，但是 POST 请求方式与 GET 方式是不同的，POST 请求支持发送任意格式、任意数据长度的数据，而不像 GET 请求仅仅限于长度有限的字符串，一般来讲传递大数据量或者 XML 等格式的数据使用 POST 比较合适。

post()的语法如下：

```
$.post( url, data, success(response,status,xhr),datyType);
```

各参数的意义、使用方法与 get()方法是一致的，这里不再赘述。

2.2 ajax()方法

$.ajax()可以通过发送 HTTP 请求加载远程数据，它是 jQuery 最底层的 Ajax 实现，具有较高的灵活性。也可以说 ajax()方法是 get()、post()等方法的基础。

ajax()的语法如下：

```
$.ajax([settings]);
```

ajax()只有一个参数 settings，其实它是一个列表结构的对象，用于配置 Ajax 请求的键值对集合。详细配置参数如表 7-5 所示。

表 7-5 $.ajax() 的参数说明

参数	说明
String url	发送请求的地址，默认为当前页地址
String type	请求方式（POST 或 GET，默认为 GET）
Number timeout	设置请求超时时间
Object data 或 String data	发送到服务器的数据
String dataType	预期服务器返回的数据类型，可用类型有 XML、HTML、Script、JSON、JSONP、Text
function beforeSend(XMLHttpRequest xhr)	发送请求前调用的函数： 参数 xhr：可选，XMLHttpRequest 对象
function complete(XMLHttpRequest xhr, String ts)	请求完成后调用的函数（请求成功或失败时均调用）： ● 参数 xhr：可选，XMLHttpRequest 对象 ● 参数 ts：可选，描述请求类型的字符串
function success(Object result,String ts)	请求成功后调用的函数： ● 参数 result：可选，由服务器返回的数据 ● 参数 ts：可选，描述请求类型的字符串
function error(XMLHttpRequest xhr, String em,Exception e)	请求失败时被调用的函数： ● 参数 xhr：可选，XMLHttpRequest 对象 ● 参数 em：可选，错误信息 ● 参数 e：可选，捕获的异常对象
boolean global	默认为 true，表示是否触发全局 Ajax 事件

表中所列为常用参数，如果有特殊需求或想了解更多细节可以参考 jQuery 官方文档。

了解了$.ajax()方法的常用参数，接下来一起看一下如何使用$.ajax()方法实现 Ajax 无刷新远程请求服务器功能。

示例 2 是用来验证用户名是否正确。此外简单模拟一下该过程。

示例 2

```
$.ajax({
    url : "verify.asp",                             //提交的 URL 路径
    type : "GET",                                   //发送请求的方式
    data : "name=TOM",                              //发送到服务器的数据
    dataType : "text",                              //指定传输的数据格式
    success : function(result) {                    //请求成功后要执行的代码
$("#myDiv").html(html.responseText);                //将服务器返回的文本数据显示到页面
},
    error : function() {                            //请求失败后要执行的代码
        alert("用户名验证时出现错误，请联系管理员！");
    }
});
```

其中 verify.asp 是服务器端响应文件，处理用户提交的数据请求。验证如图 7.7 和图 7.8 所示。

图 7.7　验证用户合法

图 7.8　验证用户合法结果

大家可能都发现了，ajax()参数列表复杂，使用起来没有那么方便，所以如果不是特别需要的话，很多地方使用 get()或者 post()即可完成。

操作案例 2：验证注册名是否可用

需求描述

模拟验证注册名是否可用，输入注册信息，如果用户名为“TOM”，则认为注册名已被人注册，给用户以提示。页面注册验证要求如下：

- 注册名、密码等信息不能为空。
- 密码必须等于或大于 6 个字符。
- 两次输入的密码必须一致。

完成效果

运行效果如图 7.9、图 7.10 所示。

技能要点

- get()和 post()方法。
- 表单验证。

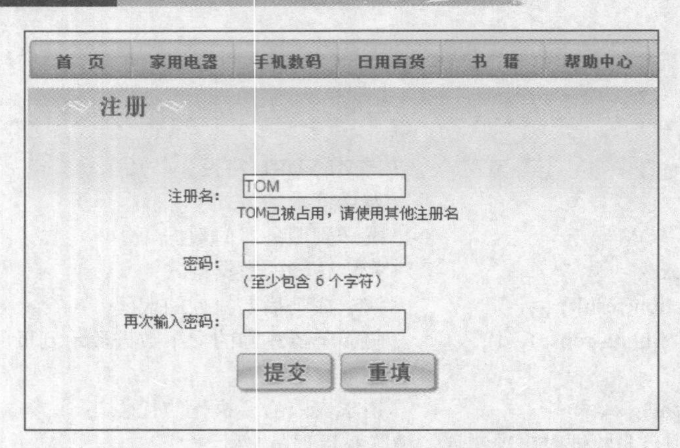

图 7.9 “TOM”已被人注册

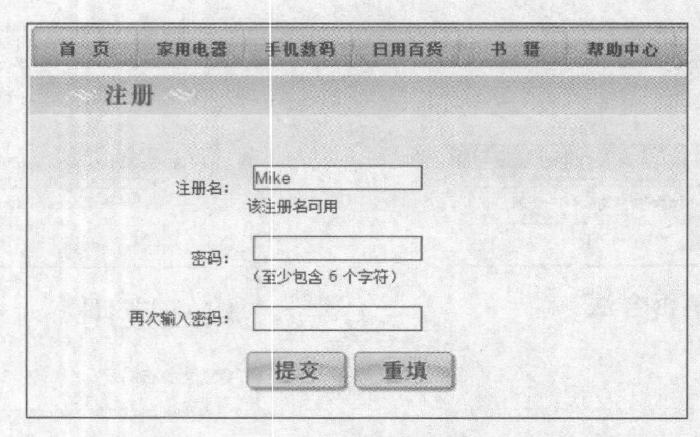

图 7.10 注册名可用

实现步骤

- 下载素材，部署到 IIS 服务器，建立虚拟目录，运行网站成功。
- 完成页面信息的有效性验证。
- 完成提交至 resp.asp，进行验证。
- 接收返回信息，提示给用户。

2.3 load()方法

$.load()方法通过发送 Ajax 请求从服务器加载数据，并把返回的数据放置到指定的元素中。具体语法如下。

load()的语法如下：

```
$(selector).load(url,data,function(result,status, xhr));
```

该方法的详细参数说明如表 7-6 所示。

该方法是最简单的从服务器获取数据的 Ajax 方法。它几乎与$.get()方法等价，不同的是当它请求成功后，load()方法将匹配元素的 HTML 内容设置为返回的数据，load()方法能够把加载的网页文件附加到指定的网页标签中。

表 7-6 load() 的参数说明

参数	说明
String url	必选，规定将请求发送到哪个 URL
Object data 或 String data	可选，规定连同请求发送到服务器的数据
function callback(Object result,String status, XMLHttpRequest xhr)	可选，请求完成后调用的函数 ● 参数 result：来自请求的结果数据 ● 参数 status：请求的状态 ● 参数 xhr：XMLHttpRequest 对象

请看以下关键代码：

```
$("#nameDiv").load(url,data);
```

以上代码同样实现了发送异步请求到服务器端，并且当服务器端成功返回数据时，将数据隐式地添加到调用 load()方法的 jQuery 对象中的功能。它等价于以下代码：

```
$.get(url,data,function(result) {
        $("#nameDiv").html(result);
});
```

以上介绍的$.get()、$.post()、load()等常用 Ajax 方法都是基于$.ajax()方法封装的，相比于$.ajax()方法而言，更加简洁、方便。通常情况下，对于一般的 Ajax 功能需求，使用以上 Ajax 方法即可满足，如果需要更多的灵活性，可以使用$.ajax()方法。

操作案例 3：刷新最新动态

需求描述

模拟异步刷新最新动态。网页中某块内容需要异步刷新，实现载入最新数据。

完成效果

原始页面效果如图 7.11 所示，单击“查看本剧最新动态”按钮后，异步载入信息，如图 7.12 所示。

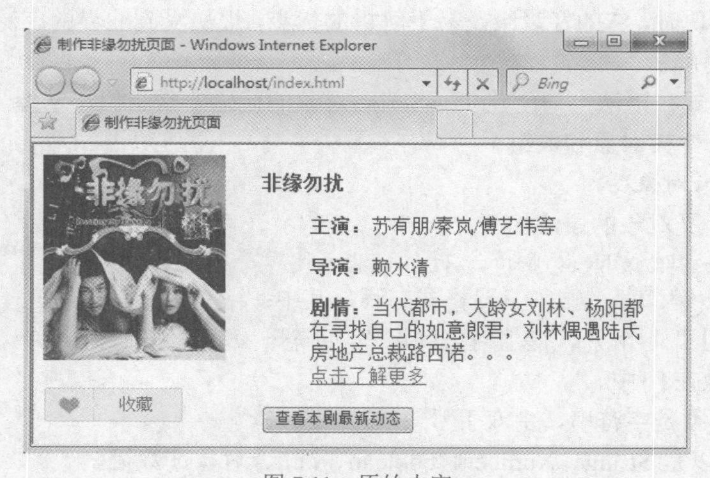

图 7.11 原始内容

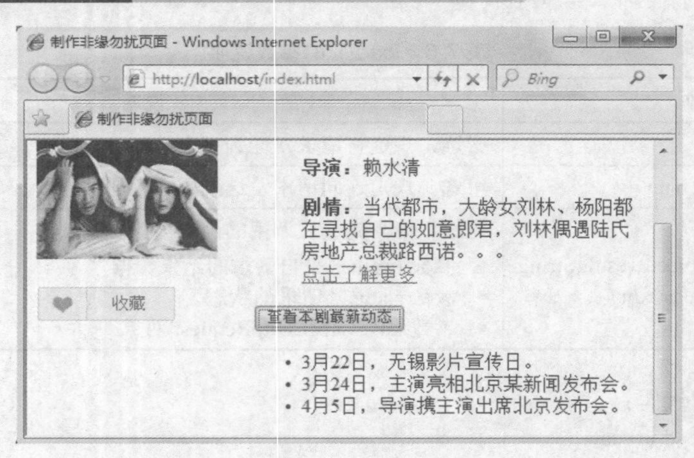

图 7.12　刷新后内容

技能要点

load()方法。

3　认识 JSON

前面介绍 Ajax 时曾提到过，XMLHttpRequest 对象异步发送请求到服务器，服务器处理后可以返回 XML、JSON 或 HTML 等格式的数据，XML 和 HTML 两种格式在之前的课程中已经学习，接下来我们一起了解 JSON。

3.1　JSON 简介

JSON（JavaScript Object Notation）是一种轻量级的文本数据交换格式。它基于 JavaScript，采用完全独立于语言的文本格式。JSON 通常用来在客户端和服务器之间传递数据。在 Ajax 出现之初，客户端脚本和服务器之间传递数据使用的是 XML，但 XML 难以解析，体积也比较大。当 JSON 出现时，它的轻量级及易于解析的优点，很快受到业界的广泛关注，它比 XML 更小、更快和更易解析。

JSON 文本格式在语法上与创建 JavaScript 对象的代码非常相似，掌握 JSON 语法只需掌握如何使用 JSON 定义对象和数组。

1．定义 JSON 对象

使用 JSON 定义对象的语法如下：

```
var JSON 对象 = {key:value,key:value,…};
```

JSON 对象以{键: 值, 键: 值,…}格式书写，其中：

- 键和值用“:”隔开，键值对之间用“,”隔开。
- 表达式放在{ }中。
- key 值必须是字符串，由双引号（""）括起来。
- value 可以是 String、Number、boolean、null、对象、数组。

例如：

```
var person = {"name":"张三","age":30,"wife":null};
```

如果只有一个值，把它当成只有一个属性的对象即可，如{"name":"张三"}。

2. 定义 JSON 数组

使用 JSON 定义数组的语法如下：

```
var JSON 数组 = [value,value,...];
```

JSON 数组以[值 1,值 2,...]格式书写，其中：

- 元素之间用“,”隔开。
- 整个表达式放在[ ]中。

字符串数组举例：["中国","美国","俄罗斯"]。

对象数组举例：[{"name":"张三","age":30},{"name":"李四","age":40}]。

了解了 JSON 的基本语法，也就是 JSON 的数据格式，下面就来看一下如何使用 jQuery 处理 JSON 数据的有关内容。

3.2 使用 jQuery 处理 JSON 数据

示例 3 的代码使用 jQuery 展示了如何以 JSON 对象和数组的形式定义 person 对象，并在页面上的<div>中输出它们。

示例 3

JavaScript 关键代码如下：

```
$(document).ready(function() {
    //定义 JSON 格式的 user 对象，并在 id 为 objectDiv 的 DIV 元素中输出
    var user = {"id":1,"name":"张三","pwd":"000" };
    $("#objectDiv").append("ID："+user.id+"<br>")
        .append("用户名："+user.name+"<br>")
        .append("密码："+user.pwd+"<br>");
    //定义 JSON 格式的字符串数组，并在 id 为 ArrayDiv 的 DIV 元素中输出
    var ary = ["中","美","俄"];
    for(var i=0;i<ary.length;i++) {
        $("#ArrayDiv").append(ary[i]+"    ");
    }
    //定义 JSON 格式的 user 对象数组，并在 id 为 objectArrayDiv 的 DIV 元素中使用<table>输出
    var userArray = [
        {"id":2,"name":"admin","pwd":"123"},
        {"id":3,"name":"詹姆斯","pwd":"11111"},
        {"id":4,"name":"梅西","pwd":"6666"}
    ];
    $("#objectArrayDiv").append("<table>")
        .append("<tr>")
        .append("<td>ID</td>")
        .append("<td>用户名</td>")
        .append("<td>密码</td>")
        .append("</tr>");
```

```
        for(var i=0;i<userArray.length;i++) {
            $("#objectArrayDiv").append("<tr>")
                .append("<td>"+userArray[i].id+" </td>")
                .append("<td>"+userArray[i].name+" </td>")
                .append("<td>"+userArray[i].pwd+"</td>")
                .append("</tr>");
        }
        $("#objectArrayDiv").append("</table>");
});
```

HTML 关键代码如下：

```
<body>
    一、JSON 格式的 user 对象:<div id="objectDiv"></div><br>
    二、JSON 格式的字符串数组:<div id="ArrayDiv"></div><br>
    三、JSON 格式的 user 对象数组:<div id="objectArrayDiv"></div>
</body>
```

程序运行结果如图 7.13 所示。

一、JSON格式的user对象：
ID：1
用户名：张三
密码：000

二、JSON格式的字符串数组：
中 美 俄

三、JSON格式的user对象数组：

ID	用户名	密码
2	admin	123
3	詹姆斯	11111
4	梅西	6666

图 7.13　定义的 JSON 数据

3.3　getJSON()方法

在 jQuery 中除了可以将定义好的对象进行输出以外，还可以发送 JSON 格式数据到服务器端，或者接收从服务器端返回的 JSON 格式数据。这时通常需要使用 jQuery 提供的$.getJSON()方法，异步发送请求到服务器端，并以 JSON 格式封装客户端与服务器之间传递的数据。

getJSON()的语法如下：

```
$.getJSON(url,data,success(result,status, xhr))
```

该方法的详细参数说明如表 7-7 所示。

表 7-7　getJSON() 的参数说明

参数	说明
String url	必选，规定将请求发送到哪个 URL
Object data 或 String data	可选，规定连同请求发送到服务器的数据

续表

参数	说明
function success(Object result ,String status, XMLHttpRequest xhr)	可选，请求成功后运行的函数 ● 参数 result：来自请求的结果数据，该数据默认为 JSON 对象 ● 参数 status：请求的状态 ● 参数 xhr：XMLHttpRequest 对象

getJSON()方法其实与 get()的用法和功能是完全相同的，不过 getJSON()方法请求载入的是 JSON 数据，这样注定了 getJSON()方法仅仅支持 get()方法的前 3 个参数，不需要设置数据类型的第 4 个参数。

下面通过示例 4 来看一下如何从服务器端解析 JSON 数据。

示例 4

服务器中存在模拟的 JSON 数据文件 json.js，其中数据为：

```
{
    "firstname":"bill",
    "lastname":"yooh",
    "old":"50"
}
```

客户端的 jQuery 脚本中关键代码如下：

```
$("#b01").click(function(){
    $.getJSON("数据/json.js",function(data){
        $("#myDiv").html(data.firstname+" "+data.lastname+" "+data.old);
    });
});
```

程序运行结果如图 7.14、图 7.15 所示。

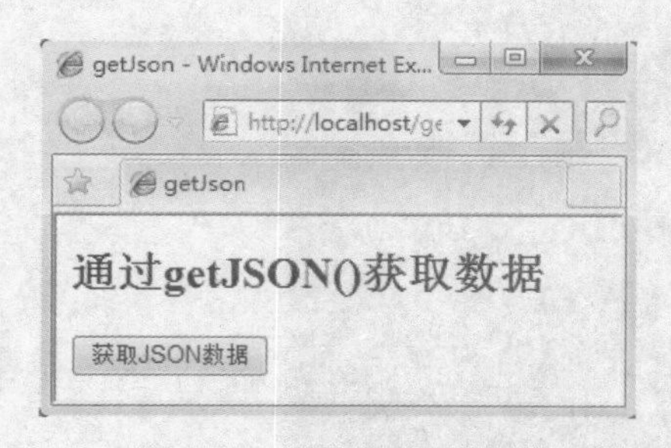

图 7.14　获取 JSON 数据

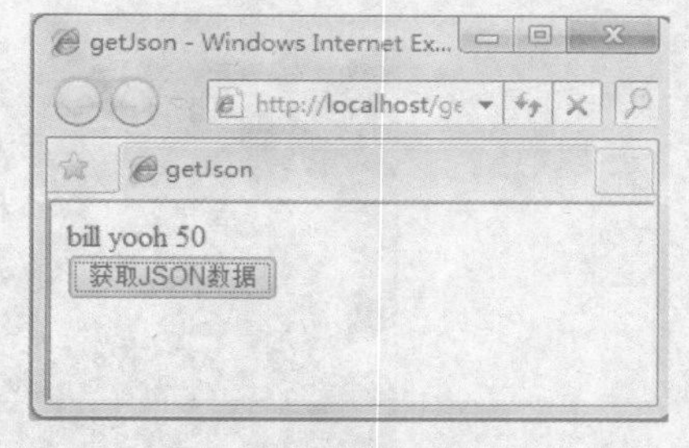

图 7.15　获取到 JSON 数据后

除此以外，jQuery 还提供了一个解析 JSON 字符串的方法。其语法如下：

```
$.parseJSON(str);
```

该方法接收一个 JSON 格式字符串，返回解析后的 JSON 对象。代码如示例 5 所示。

示例 5

```
//定义对象，并在 id 为 msg 的 DIV 元素中输出
var jsonStr = '{"name":"张三","age":20,"wife":null}';
```

```
var person = $.parseJSON(jsonStr);
alert(person);
alert(person.name);
```

程序运行结果如图 7.16 所示。

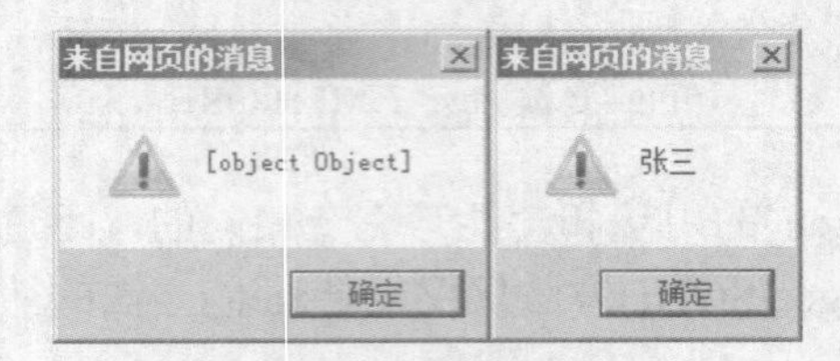

图 7.16　JSON 对象

以上效果反映了当执行“$.parseJSON(jsonStr);”这段代码后会将传入的 JSON 格式字符串解析为一个 JSON 对象，然后就可以调用该对象的属性进行相关操作。

操作案例 4：制作冬奥会页面轮播图片效果

需求描述

完成使用特定技术实现轮播图特效，需求如下：

- JSON 文件中存储着轮换显示的图片路径、超链接、标题。
- 使用 Ajax 和 JSON 实现轮播特效。

完成效果

页面效果如图 7.17 所示。

图 7.17　轮播图特效

技能要点

JSON 解析。

关键代码

- Ajax 获取 JSON 数据并解析，关键代码如下：

```
$.ajax({
    type:"post",
    url:"js/json.js",
```

```
        async:false,
        success:function(data){
            for( var i=0 ; i<data.length; i++){
                var newHtml = '<li><a href="'+data[i].href+'"><img src="'+data[i].src+'"/></a><div class="slide-btm"><h2><a href="'+data[i].href+'">'+data[i].title+'</a></h2></div></li>'
                $(".img-box").append(newHtml);
                $(".page-con").append('<li></li>');
            }
            $(".img-box li").not(":first").hide();
        },
        dataType:"json"
});
```

- 轮播实现函数关键代码如下：

```
function slide(){
    if(!stop){
        page++;                    //当前轮播加 1（下一个图片显示）
        if(page == 4){
            page = 0;              //当 page 大于图片长度时，从第一个图片开始播放
        }
        $(".page-con li").removeClass("cur");  //所有底部按钮不改变背景
        $(".img-box li").fadeOut(200);         //所有 img 隐藏，使用 fadeOut

        $(".page-con li").eq(page).addClass("cur");  //相应底部按钮背景改变
        $(".img-box li").eq(page).fadeIn();          //相应 img 显示，使用 fadeIn
    }
    setTimeout(slide,3000);
}
```

本章总结

- Ajax 通过使用 XMLHttpRequest 对象，以异步方式在客户端与服务器端之间传递数据，并结合 JavaScript、CSS 等技术实现当前页面局部更新。
- jQuery 封装了 Ajax 的基础实现，提供了$.ajax()、$.get()、$.post()、load()和$.getJSON()等 Ajax 方法。
- JSON 作为数据交互对象，在值传递和解析方面较为简便。
- jQuery 提供了用来发送 JSON 格式数据的$.getJSON()方法。
- $.parseJSON()方法用来将 JSON 格式字符串解析为 JSON 对象。

本章作业

1．请写出原始 Ajax 需要用到的相关技术。
2．请写出使用原始 Ajax 发送 GET 请求及处理响应的步骤。
3．简述使用$.ajax()方法中各属性的类型及作用。

4．制作瀑布流效果的图片展示，即随着鼠标下滑，以不规则的瀑布式排列展示图片，见图 7.18（页面效果等见提供的电子素材）。

模拟数据存储为 JSON 格式，代码如下：

```
var data = [{'src':'1.jpg','title':'瀑布流效果 1'},{'src':'2.jpg','title':'瀑布流效果 2'},{'src':'3.jpg','title':'瀑布流效果 3'},{'src':'4.jpg','title':'瀑布流效果 4'},{'src':'5.jpg','title':'瀑布流效果 5'},{'src':'6.jpg','title':'瀑布流效果 6'},{'src':'7.jpg','title':'瀑布流效果 7'},{'src':'8.jpg','title':'瀑布流效果 8'},{'src':'9.jpg','title':'瀑布流效果 9'},{'src':'10.jpg','title':'瀑布流效果 10'}];
```

图 7.18　瀑布流特效

5．请登录课工场，按要求完成预习作业。

第 8 章

项目案例：英雄难过棍子关

本章目标

- 综合运用 jQuery 知识操作网页元素
- 使用 DIV+jQuery 制作网页游戏

本章简介

本项目案例要求使用 jQuery 完成各种特效的制作，结合 JavaScript 和 CSS 的交互功能，实现游戏的开发制作。

按项目要求完成该游戏的开发任务后，希望读者能够总结在项目开发过程中所遇到的问题和解决方法，增加项目开发经验，提高项目开发调试能力。

1 项目说明

1.1 需求概述

随着互联网的广泛应用，基于 B/S 结构的 Web 应用程序越来越受到推崇，特别是网页版小游戏越来越受到游戏玩家的喜爱，休闲娱乐、下载方便等是这类小游戏的特点，也正是这些特点，让网页版小游戏在游戏业中获得不少青睐。

本项目案例选取了网页版点击率排名比较靠前的“英雄难过棍子关”，这款小游戏完全使用特效制作开发完成，开发成本低而娱乐性强，通过玩家的合理操控，进行闯关式游戏（如图 8.1 所示）。项目案例根据具体的技术内容进行了选择，对游戏精华部分进行了摘取学习。

图 8.1　进入闯关模式

鼠标按住按钮，使得棍子变长，达到一定的长度（如图 8.2 所示），松开鼠标，棍子搭在两根柱子间形成桥梁，帮助英雄过关。棍子过长或过短会失败（如图 8.3 所示）。

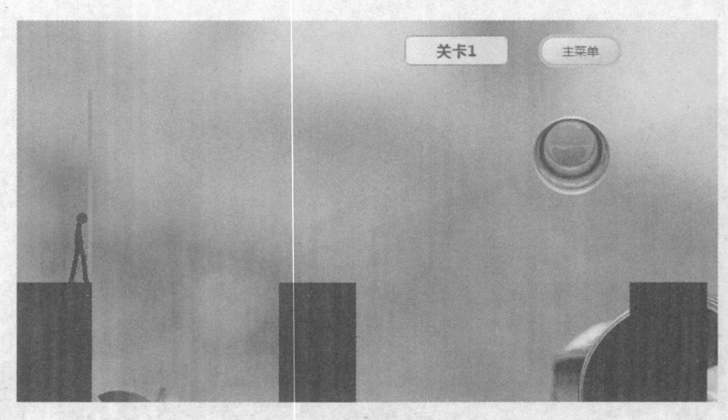

图 8.2　单击按钮棍子生长

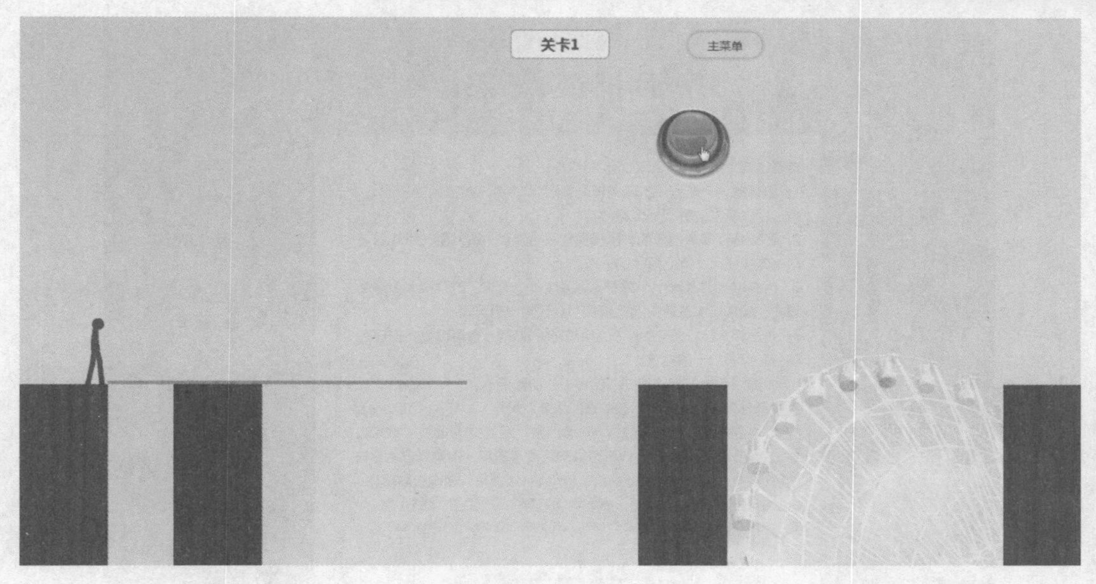

图 8.3　棍子过长，闯关失败

1.2　技能点

- 使用 jQuery 创建、添加、移除节点，操作节点内容和属性。
- 使用 jQuery 实现元素的显示、隐藏、移动等动画效果。
- 使用 jQuery 获取、设置元素属性值，设置元素样式。
- 使用选择器、过滤函数操作网页内容。

2　项目实现

2.1　制作英雄难过棍子关主界面

需求说明

主界面主要涉及一个标题和两个按钮（如图 8.1 所示），单击“游戏说明”，跳出提示框（如图 8.4 所示）。

关键步骤

（1）创建静态页面 index.html。

（2）设置背景图片。

（3）添加标题及两个按钮。

（4）创建 index.js，实现单击“游戏说明”按钮，弹出说明框的功能。

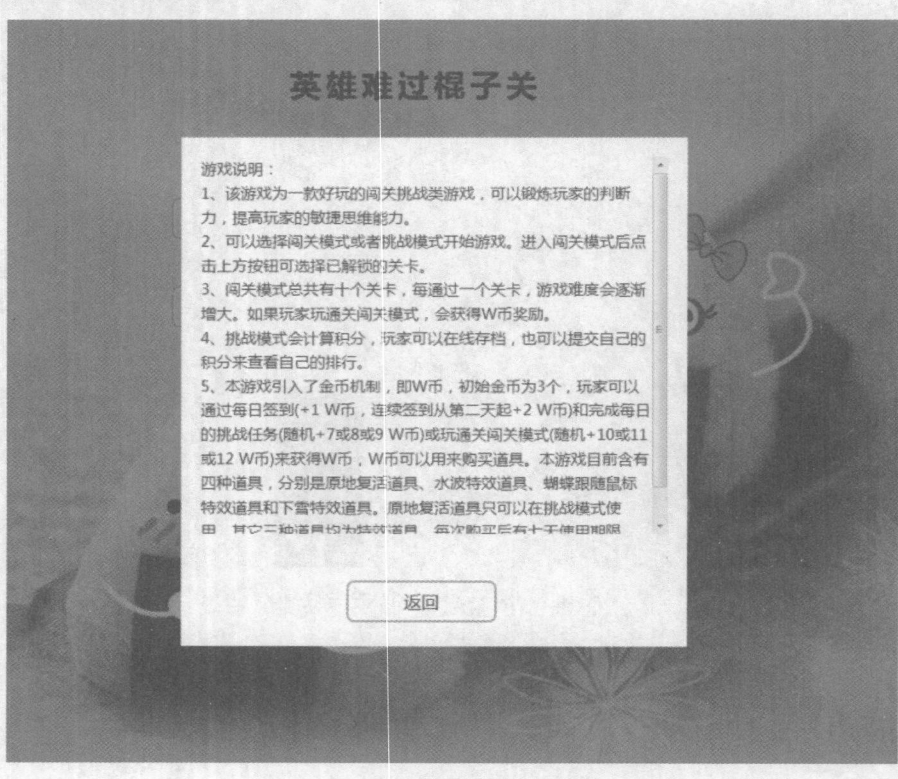

图 8.4　游戏说明提示框

技术分析

弹出说明框的关键代码如下：

```
var gameDialog = $(".gameDialog");        //弹出框对象
var shadowBox = $(".shadow");             //黑色背景弹出层对象
/**如果弹出框不存在，在页面添加**/
if(!gameDialog.get(0)){
    //创建弹出框
    gameDialog = $('<div class="gameDialog"><p class="info"></p><a href="javascript:void(0);"
            class= "close">返回</a></div>');
    //页面添加弹出框
    $("body").append(gameDialog);
}
/**如果说明弹出层不存在，在页面添加**/
if(!shadowBox.get(0)){
    //创建黑色半透明弹层
    shadowBox = $('<div class="shadow"></div>');
    //页面添加黑色半透明弹层
    $("body").append(shadowBox);
}
/**单击弹出框的返回按钮**/
$(".close").live("click",function(){
    //弹框&&弹层隐藏
```

```
    gameDialog.hide();
    shadowBox.hide();
});
```

2.2　制作游戏主界面静态页面

需求说明

单击主界面“闯关模式”，进入游戏主界面（如图 8.5 所示）。

图 8.5　游戏主页面

关键步骤

（1）创建静态页面 play.html，主界面按钮“闯关模式”链接到该页面。

（2）制作关卡、主菜单按钮。

（3）制作英雄、棍子和黑色柱子。

技术分析

（1）使用 HTML 标签排版关卡、主菜单、按钮、英雄、柱子。

```
<div class="set-text">
    <h2 class="play-title">关卡 1</h2>
    <a href="index.html">主菜单</a>
</div>
<div class="container">
    <div class="stick"></div>
    <div class="man"><img src="img/stick_stand.png"/></div>
    <div class="well-box">
    </div>
</div>
```

（2）使用 CSS 样式设置背景样式、关卡、主菜单、按钮样式。

2.3 制作黑色柱子的动态实现

需求说明

动态创建黑色柱子，每次创建 4 个，柱子之间的距离为随机获取，柱子的宽度都是固定的，如图 8.6 所示。

图 8.6 四根柱子

技术分析

（1）定义全局变量：表示关卡、柱子宽度、哪个柱子移至最左侧、按钮是否单击的参数。

```
var stop = true;          //按钮是否可以点击
var number = 0;           //用于计算移动到第几个柱子
var leval = 1;            //设置关卡
var weWidth = 100;        //设置柱子宽度
```

（2）使用 for 循环动态创建 4 个柱子，柱子宽度一致，高度一致，两个柱子之间的距离使用 random()随机获取。

```
for(var i=0;i<4;i++){
    var w = parseInt(Math.random()*end)+min;                //获取随机值（60 到棍子最长长度）
    if(i==0){
        param += ('<div class="well" style="left:0px;width:'+wh+'px"></div>');         //第一个柱子对象
    }else if(i==1){
        second = wh+w;
        param += ('<div class="well" style="left:'+second+'px;width:'+wh+'px"></div>'); //第二个柱子对象
    }else if(i==2){
        third = second+wh+w;
        param += ('<div class="well" style="left:'+third+'px;width:'+wh+'px"></div>');   //第三个柱子对象
    }else{
```

```
        forth = third+wh+w;
        param += ('<div class="well" style="left:'+forth+'px;width:'+wh+'px"></div>');    //第四个柱子对象
    }
}
```

（3）使用 CSS 设置柱子的样式。

2.4　制作棍子动画

需求说明

按下按钮棍子增长，松开按钮棍子停止增长，并且棍子垂直倒下，如图 8.7 所示。

图 8.7　棍子增长

技术分析

（1）按下按钮，使用控制元素滑动或自定义动画的效果使棍子变长。

```
//鼠标按下，棍子变长
$(".btnClick").mousedown(function(){
    if(stop){
        $(".stick").animate({"width":play.stickH+"px"},2500);    //棍子变长
    }
});
```

（2）松开按钮，棍子停止变长，并且使用 CSS3 的效果使棍子倒下，倒下后英雄开始奔跑过关。

```
//鼠标弹起
$(".btnClick").mouseup(function(){
    if(stop){
        $(".stick").stop();                      //棍子停止变长
        stop = false;
        $(".stick").addClass("stickDown");       //棍子倒下
        play.moveMan(number);
```

```
    }
});
```

2.5 制作英雄过关

需求说明

（1）棍子长度小于两个柱子之间的距离或者大于两个柱子之间的距离与柱子宽度之和，英雄过关失败，如图 8.8 所示。

图 8.8　过关失败（棍子长度不够或过长）

（2）棍子长度大于两个柱子之间的距离并且小于两个柱子之间的距离与柱子宽度之和，英雄继续过关，四个柱子过关则成功升级，如图 8.9 所示。

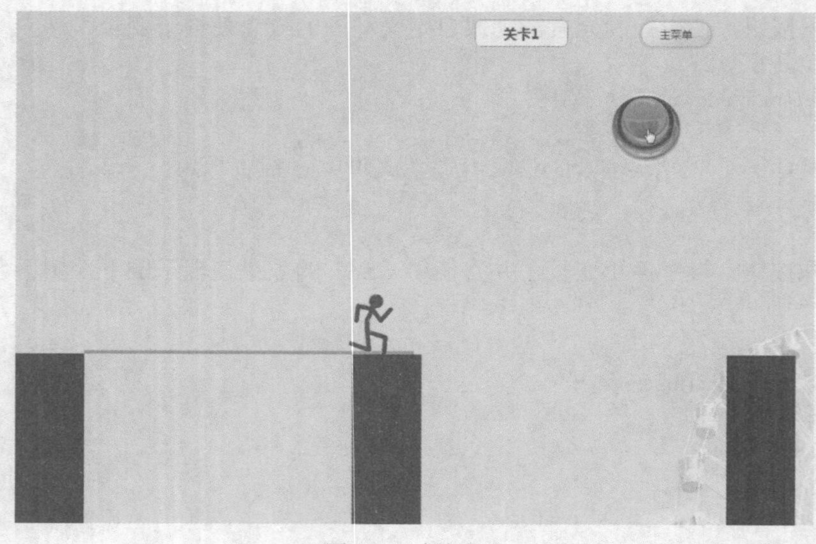

图 8.9　过关成功

技术分析

（1）计算棍子长度，英雄沿着棍子开始奔跑，使用 attr()设置图像、使用 animate() 设置英雄奔跑效果。

（2）如果棍子长度小于两个柱子之间的距离或者大于两个柱子之间的距离与柱子宽度之和，过关失败；否则过关成功。

（3）过关失败，直接调用过关失败的函数。

（4）过关成功，如果四个柱子没过完则移动柱子继续过关，否则过关成功，调用过关成功的函数。

2.6 制作英雄过关成败的提示框

需求说明

（1）过关成功：弹出提示框，文本是随机显示，两个按钮，如图 8.10 所示。

（2）过关失败：弹出提示框，文本是随机显示，一个按钮，如图 8.11 所示。

真正的才智是刚毅的志向。—— 拿破仑
重玩一次
下一关

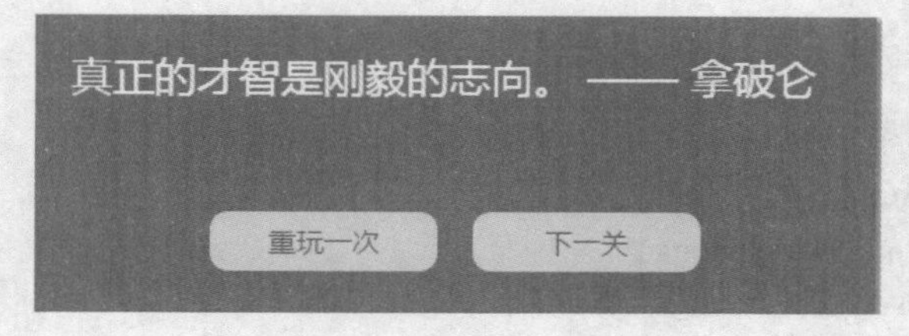

图 8.10 过关成功的提示框

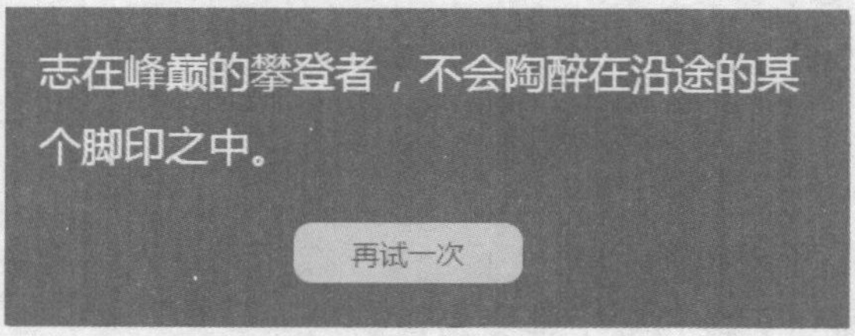

志在峰巅的攀登者，不会陶醉在沿途的某个脚印之中。
再试一次

图 8.11 过关失败的提示框

技术分析

（1）定义过关成功显示的文本数组和过关失败显示的文本数组。

```
var success = […];
var fail = […];
```

（2）过关成功：用随机函数获取成功数组中显示的文本，传递给显示提示框函数。

```
successEvent:function(){
    var num = parseInt(Math.random()*19);      //获取随机数 0～19
    dialog(success[num],true);   //调用弹框函数（传入参数 success[num]代表随机取出的文本）
}
```

（3）过关失败：用随机函数获取失败数组中显示的文本，传递给显示提示框函数，并且使用 CSS3 中的动画使英雄掉下来。

```
//判断人物是否落下
var wellL = $(".well").eq(num+1).offset().left;          //柱子距离屏幕左侧的距离
var range = wellL-play.wellW;                            //获取两个柱子之间的距离
if((stickW < range) || (stickW > wellL)){
    play.faildEvent();                                   //如果落下，调用失败数组
}else{
    //如果成功，调用成功数组
…
}
```

2.7 重新玩本关游戏

需求说明

无论是成功之后“重玩一次”还是失败后“再玩一次”，这两个按钮实现的效果都是一样的，都是关卡不变，继续玩游戏。

技术分析

其实现代码如下：

```
$(".play-agin").live("click",function(){
        …
        number = 0;
        play.initWell(weWidth);
        var num = parseInt(Math.random()*19+1);
        $("body").removeAttr("class");
        $("body").addClass("bg"+num);
});
```

2.8 继续下一关的实现

需求说明

如果过关成功，单击图 8.10 所示的“下一关”按钮，进入下一关。

- 当前提示框隐藏，英雄和棍子都变为初始状态。
- 背景图片改变。
- 关卡增加 1。

技术分析

其实现代码如下：

```
$(".go-next").live("click",function(){
        …
        $(".play-title").text("关卡"+leval);                //改变关卡值
        var num = parseInt(Math.random()*19+1);         //随机获取背景图片
        $("body").removeAttr("class");
        $("body").addClass("bg"+num);                   //改变背景样式

        });
```